GUIDE PRATIQUE

DES POTASSES, DES SOUDES

DES CENDRES, ETC.

Imprimerie Polytechnique de E. LACROIX, à St-Nicolas-de-Port (Meurthe).

BIBLIOTHÈQUE DES PROFESSIONS INDUSTRIELLES ET AGRICOLES
SÉRIE B, Nº 1

GUIDE PRATIQUE

POUR RECONNAITRE ET POUR DÉTERMINER

LE TITRE VÉRITABLE

ET LA VALEUR COMMERCIALE

DES POTASSES, DES SOUDES

DES CENDRES, DES ACIDES

ET DES MANGANÈSES

AVEC NEUF TABLES DE DÉTERMINATIONS

PAR

LE Dʳ R. FRESENIUS ET LE Dʳ H. WILL

Assistants-préparateurs au laboratoire de chimie de Giessen

TRADUIT DE L'ALLEMAND

PAR LE Dʳ G. W. BICHON

ancien élève de M. Justus Liebig

AUGMENTÉ DE NOTES, TABLES ET DOCUMENTS PUISÉS DANS
LES ANNALES DU GÉNIE CIVIL.

PARIS

LIBRAIRIE SCIENTIFIQUE, INDUSTRIELLE ET AGRICOLE
EUGÈNE LACROIX, IMPRIMEUR-ÉDITEUR

Libraire de la Société des Ingénieurs civils, de celle des anciens élèves des Écoles
d'arts et métiers, de celle des Conducteurs des ponts et chaussées, etc., etc.

54, RUE DES SAINTS-PÈRES, 54

Imprimerie à Saint-Nicolas-de-Port (Meurthe)

AVANT-PROPOS

La haute importance qui s'attache à l'appréciation
exacte des potasses, des soudes, des acides et des
manganèses, s'accroît chaque jour en raison des
progrès de la science et du développement de l'industrie. On n'accueillera donc pas sans intérêt, nous
l'espérons, les précieuses recherches auxquelles deux
savants chimistes étrangers se sont livrés, avec autant
de pénétration que de succès, pour perfectionner les
méthodes d'essai relatives aux substances que nous
venons de citer. On ne peut mettre en doute que de
tous les résultats auxquels on peut arriver en chimie, ceux qui méritent le plus de confiance sont
assurément ceux qui s'obtiennent au moyen de la
balance ; des tubes gradués, quelque exacts qu'ils
puissent être, ne pourront certainement jamais remplacer ce précieux instrument. C'est cette vérité,
jointe aux idées les plus ingénieuses, qui nous a
paru avoir dirigé les auteurs de cet ouvrage. Le

bon accueil que leurs travaux ont reçu en Allemagne nous a fait croire que ce serait rendre un service à la science, et notamment à l'industrie française, que de faire une traduction de leur livre, afin de faciliter la propagation des nouvelles méthodes alcalimétriques et acidimétriques qui y sont exposées. En nous livrant à ce travail, nous avons cherché à rendre, autant que possible, les faits avec la clarté qui distingue la rédaction originale. Nous osons donc espérer que les savants, le commerce et l'industrie nous sauront quelque gré de nos efforts et du désir que nous avons de leur être utile.

LE TRADUCTEUR.

PRÉFACE

Nous offrons cet ouvrage au public auquel il s'adresse comme le fruit de notre tâche commune ; et nous donnons, comme résultats d'expériences multipliées, plusieurs nouveaux modes d'essais pour examiner les substances qui sont indiquées au titre de ce livre. En le rédigeant, nous avons considéré, d'une part, que nous écrivions pour les chimistes ; et, de l'autre, aussi pour des personnes qui sont moins avancées dans la science. C'est ce qui nous a portés à combiner nos efforts, de manière à réunir aux notions scientifiques nécessaires une exécution qui pût être généralement comprise de tous.

Il nous a paru convenable d'indiquer d'avance quel est notre point de vue, afin que le chimiste ne se formalise pas de trouver çà et là, dans notre livre, des notions qui lui sont familières, et, d'un autre côté, afin que celui qui n'est pas chimiste ne soit pas embarrassé s'il rencontre parfois quelque terme qui lui soit inconnu.

Nous souhaitons sincèrement que l'on soumette à une critique exempte de prévention, les méthodes d'essais que nous venons proposer, et qu'on veuille bien les examiner, soit en elles-mêmes, soit par comparaison avec celles qui ont été pratiquées jusqu'ici. Nous y trouverons, nous osons le croire, la garantie la plus sûre que nous avons atteint notre but, qui est de rendre un service à la chimie, et particulièrement aux industries qui reposent sur les principes de cette science.

LES AUTEURS.

INTRODUCTION

Dans l'étendue du domaine de la chimie appliquée,
parmi tous les produits qui résultent des actions chimiques,
la potasse et la soude, l'acide sulfurique, l'acide chlorhydrique, l'acide nitrique et l'acide acétique jouent un rôle
d'une haute importance, et même on peut dire le rôle le
plus important. Dans les mains du chimiste, ils lui fournissent le moyen d'exécuter la plupart de ses opérations ;
ils sont pour le pharmacien le point de départ de préparations nombreuses, et ils trouvent surtout leur application
la plus étendue dans la technologie, dans tous les arts,
dans toutes les professions qui reposent sur les principes
chimiques. Si nous ajoutons à ces produits le peroxyde de
manganèse, nous aurons cité à peu près tous les agents
dont on fait usage dans l'impression des indiennes, dans le
blanchiment, la teinture ; dans la fabrication du savon ; dans
celles du papier, du salpêtre et du prussiate de potasse.
C'est de la consommation de ces produits que dépend le
développement de tous les arts chimiques, et par conséquent la prospérité des nations. Aussi la consommation en
est-elle aujourd'hui énorme ; leur fabrication, leur exploitation sont montées sur la plus grande échelle, et elles donnent lieu à un commerce très-étendu et de la première
importance.

S'il est, en général, très-important pour l'acheteur et
pour le vendeur de pouvoir déterminer rigoureusement la
valeur absolue d'un article de commerce, à plus forte raison le devient-il pour eux, lorsqu'il s'agit de substances qui

non-seulement peuvent différer de valeur par leur mode de préparation, et selon le lieu de leur exploitation, mais encore dont la valeur absolue est assez souvent amoindrie, et souvent même considérablement réduite par l'addition frauduleuse de certains corps étrangers. Or, c'est précisé-ment dans cette catégorie que nous devons placer les sub-stances que nous venons de nommer. Ce n'est point par des signes extérieurs que leur valeur absolue peut être déterminée, il faut nécessairement pour cela avoir recours aux procédés de la chimie.

De même que la valeur absolue d'un moyen de détermina-tion est proportionnelle à l'effet que l'on peut atteindre avec ce moyen, de même la valeur absolue de la potasse et de la soude, celles des acides et du peroxyde de manganèse sont proportionnelles au titre de ces substances, c'est-à-dire aux effets que l'on peut en obtenir dans leur application. Ainsi, la valeur absolue des premières dépendra de la quantité de carbonate alcalin qu'elles contiendront ; celle des acides sera proportionnelle à la quantité d'acide anhydre qui entre dans leur composition, et enfin celle du peroxyde de manganèse dépendra de la quantité d'oxygène disponible, ou, ce qui revient au même, de la quantité de chlore que l'on pourra dégager avec lui.

Pour l'appréciation de ces substances, les traités de chimie ont déjà proposé plusieurs méthodes qui ont ré-pondu plus ou moins à leur but. Le chimiste ne peut être réellement satisfait d'une méthode d'analyse que lorsque celle-ci lui permet de résoudre avec sécurité le problème dont il s'est proposé la solution. Pour qu'une pareille mé-thode réponde parfaitement aussi aux désirs du techno-logue, on doit satisfaire encore à d'autres conditions ; il faut que les résultats puissent en être obtenus par une voie courte et facile, et qui n'exige ni l'achat d'appareils et de réactifs d'un prix élevé, ni une grande habileté dans les manipulations chimiques. Il faut, au contraire, que les essais puissent se faire par lui au moyen de procédés faciles, prompts, simples et peu coûteux. Et bien ! parmi toutes les méthodes qui ont été proposées jusqu'à ce jour pour évaluer les alcalis, les acides et le peroxyde de manganèse, presque toutes ne remplissent qu'une seule de ces conditions, c'est-à-dire qu'elles sont, ou simples aux dépens de l'exactitude, ou exactes aux dépens de la simplicité. Parmi les procédés, il en est même plusieurs auxquels on peut reprocher que la justesse des résultats dépend trop du jugement particulier de l'expérimentateur, tandis qu'il en est d'autres dans lesquels ces mêmes résultats se trouvent affaiblis, et même dans lesquels une véritable appréciation est rendue impossible par la présence de certaines substances. Or, c'est précisément là une circonstance qui se trouve bientôt étudiée par les fabricants peu consciencieux, qui savent la mettre à profit aux dépens de l'acheteur.

Nous sommes convaincus que les méthodes d'essais que nous proposons dans cet ouvrage, aux chimistes, aux fabricants et aux industriels, pour examiner le titre de la potasse, de la soude, des acides et du peroxyde de manganèse, sont exemptes, sous tous les rapports, des reproches que l'on peut faire aux autres procédés. A l'exactitude possible et à la justesse sévère des résultats, elles unissent une telle simplicité que tout le monde peut les mettre en pratique sans avoir recours à des appareils dispendieux ou trop cassants, sans l'emploi d'aucun réactif coûteux, et dans le plus court espace de temps. Quant au degré d'habileté qu'exige leur emploi, il est réellement à portée de toute personne en général qui, selon son état, pourra être appelée à faire des appréciations de ce genre.

CHAPITRE PREMIER

ESSAI DES POTASSES ET DES SOUDES POUR EN DÉTERMINER LA VALEUR COMMERCIALE

I.

PARTIE GÉNÉRALE.

A. Des principes qui servent de bases aux modes d'essai, et de leur application en général.

---

§ I.

De la potasse et de la soude. Leur acception, leur valeur.

On comprend, comme le lecteur le sait, sous le nom de *potasse*, un mélange de carbonate de potasse, et sous celui de *soude*, un mélange de carbonate de soude avec un certain nombre d'autres sels.

Le premier de ces produits s'obtient en lessivant les cendres de certains végétaux du continent; on fait évaporer la lessive, et l'on calcine le résidu. (Voir à la fin du volume la note I.)

On obtient la soude par l'incinération directe des plantes qu'on trouve, soit au bord de la mer, soit dans la mer elle-même. Mais sa préparation la plus étendue s'effectue d'après la méthode de Leblanc, c'est-à-dire par la calcination d'un mélange de sulfate de soude, de charbon et de craie. (Voir la note II.)

La valeur de la *potasse* dépend, selon l'emploi que l'on veut en faire, de la quantité réunie de sels à base de potasse qu'elle contient; c'est ainsi qu'on l'évalue pour la fabrication du verre, pour celle de l'alun ; mais, dans la plupart des cas, cette valeur se règle uniquement d'après le titre du carbonate de potasse, qui est la seule substance constituante qui se change en potasse caustique quand on la traite par la chaux caustique. Dans tous les cas, dans la *soude* du commerce, on ne paie que le carbonate de soude, ou la soude caustique qu'elle renferme.

Le mode d'essai qui sert à déterminer, dans la potasse, l'ensemble des sels de potasse qu'elle contient, est placé trop loin de notre but pour que nous en fassions le sujet actuel de notre thème. La manière de l'appliquer est loin d'être simple, elle repose, au contraire, sur un procédé analytique très-minutieux. Toutes les fois donc que nous parlerons du titre, ou de la valeur vénale de la potasse, nous entendrons, par cette valeur, celle qui se rapporte aux applications les plus usuelles, c'est-à-dire au carbonate alcalin que la potasse contient. Il en sera de même de la soude, cela s'entend de soi-même d'après ce que nous venons de dire. En considérant ainsi les choses, si la soude contient de la soude caustique, nous supposerons que celle-ci est toujours convertie en carbonate de soude.

Les méthodes qui ont pour but de déterminer, dans ce sens, les potasses et les soudes, portent le nom de méthodes *alcalimétriques*, et leur ensemble constitue ce qu'on appelle l'*alcalimétrie*.

L'importance de l'alcalimétrie pour le commerce, les intérêts qui s'y rattachent, tant du côté du fabricant que du côté du consommateur, ont porté déjà plusieurs chimistes à s'en occuper. Tous, néanmoins, ont adopté un seul et même principe, qui est celui que Descroizilles a posé le premier. Les méthodes alcalimétriques de M. Gay-Lussac, et celles des autres chimistes, ne sont que des modifications de ce mode originaire d'épreuve, et elles ont eu seulement pour but, tantôt de faciliter les manipula-

tions dans l'opération, tantôt de donner plus de certitude aux résultats.

§ 2.

*Méthode actuelle d'alcalimétrie. Son principe, son appli-
cation ; conditions de ses succès ; ses sources d'erreurs.*

Le principe sur lequel sont fondées la méthode
alcalimétrique de Descroizilles et ses modifications,
peut être réduit à sa plus simple expression dans les
termes suivants :

La potasse et la soude sont des mélanges de carbonates alcalins et de sels étrangers. Quand on verse
dans leur dissolution un acide, par exemple, l'acide
sulfurique étendu, les propriétés acides de l'acide
disparaissent jusqu'à un certain point, l'acide est
neutralisé. Cette neutralisation ne dépend *nullement*
des substances qui font partie de la potasse et de la
soude, et que nous avons nommées des sels étrangers ; ce ne sont que les carbonates alcalins qui la produisent. Cet effet provient de ce que l'acide sulfurique
se combine, pour former des sels neutres , avec les
bases (la potasse ou la soude), avec lesquelles l'acide

carbonique était combiné. L'acide sulfurique agit comme acide plus énergique, et dégage l'acide carbonique comme étant un acide plus faible et volatil. — Il résulte des lois générales d'après lesquelles les corps s'unissent, que la quantité d'acide sulfurique qui perd, de cette manière, ses propriétés acides, doit être proportionnelle à la quantité d'alcali qui s'y est fixée. Quand on connaît donc la quantité du premier, et le rapport dans lequel l'acide est saturé par l'alcali, on a déterminé, en même temps, la quantité d'alcali qui était combinée avec l'acide carbonique et, par conséquent aussi, la quantité de carbonate de l'alcali ; de telle sorte que le but de l'alcalimétrie se trouve alors atteint.

Le rapport dans lequel l'acide sulfurique se combine, pour former des sels neutres, avec la potasse ou avec la soude, est connu une fois pour toutes ; il résulte des poids atomiques des corps cités ; mais la quantité d'acide sulfurique se détermine ; et si l'on en prend une quantité qui soit plus que suffisante pour saturer la potasse ou la soude, on tient noté de la quantité totale que l'on emploie, et, après la saturation, on en soustrait le quantum qui reste. Le point où la saturation est obtenue, se détermine par l'emploi d'un moyen qui éprouve un changement rendu facilement palpable par l'acide libre ; quand les dernières gouttes de l'acide ne sont plus neutralisées, quand elles restent acides, ce changement s'opère , et annonce alors que la saturation est finie.

Les conditions nécessaires pour réussir, en pratiquant les méthodes établies sur ce principe, sont les suivantes : Il importe surtout que l'on ait un acide d'essai d'un titre rigoureusement connu ; que l'on ait ensuite des moyens simples pour évaluer, avec certitude, la quantité d'acide employée. — La substance dont on fait usage pour découvrir le point de saturation, ne doit pas d'abord, par elle-même , neutraliser une partie appréciable de l'acide ; et il faut être suffisamment exercé pour juger convenablement des changements que cette substance éprouve, pour juger surtout le changement qui annonce que la saturation vient de s'effectuer. — Enfin, il ne faut pas qu'il se rencontre, ni dans la potasse, ni dans la soude que l'on essaie, des corps autres que les carbonates alcalins, qui soient capables de neutraliser aussi l'acide que l'on emploie pour essai.

C'est sur la manière dont on cherche à remplir ces conditions, que sont fondées les différences qui existent entre les méthodes actuelles, et c'est dans l'impossibilité de les remplir, dans toutes les circonstances, que réside leur imperfection.

L'*acide d'essai* se prépare, d'apès **M. Gay-Lussac,** en étendant d'eau une quantité évaluée d'hydrate pur d'acide sulfurique, jusqu'à ce que le mélange ait acquis un certain volume. La difficulté de se procurer de l'hydrate d'acide sulfurique parfaitement pur, et d'un degré invariable de concentration, a porté d'autres chimistes à le préparer différemment. Voici comment ils s'y prennent : ils étendent, à volonté, l'acide sulfurique anglais, et cherchent ensuite son titre, en déterminant, par des essais, combien il en faut pour décomposer une quantité pesée de carbonate de soude chimiquement pur. L'acide, essayé de cette manière, peut être porté à un degré quelconque de concentration, en l'étendant avec des quantités d'eau que l'on prend soin de mesurer. C'est avec raison que l'on reproche à ce mode de préparation : que la méthode, d'après laquelle le titre de l'acide sulfurique doit être évalué, ne donne pas des résultats tellement précis, que l'acide d'essai puisse être estimé très-exactement si le manipulateur n'est pas très-exercé ; cette circonstance mérite une grande attention, car la faute, une fois commise, affecte tous les essais qui suivent.

On détermine la *quantité* employée de l'acide d'essai en la mesurant ; on se sert, dans ce but, de tubes gradués que l'on dispose de différentes manières, afin de pouvoir les égoutter facilement. Pour qu'ils puissent remplir leur objet, ils doivent avoir été travaillés avec les plus grands soins, par conséquent ils coûtent cher, et l'on ne peut pas toujours s'en procurer.

Le *point de saturation*, ou, pour s'exprimer plus exactement, le point où la *sursaturation* commence à s'opérer, se détermine au moyen d'une dissolution de tournesol. La solution de soude ou de potasse, en est teinte en bleu, et cette couleur bleue passe au rouge aussitôt que l'acide commence à prédominer. Il y a cet inconvénient que le tournesol contient souvent de l'alcali libre ; mais on s'en débarrasse facilement en le neutralisant d'avance, et avec précaution, par de l'acide. Toutefois, la chose qui reste la plus difficile, c'est de préciser exactement *le point de saturation*, celui même où la liqueur commence à se teindre en rouge par l'action de l'*acide sulfurique*, par la raison que l'acide carbonique qui est mis en liberté, donne, lui aussi, la teinte rouge à la liqueur primitivement bleue, et produit même cet effet longtemps avant que le point de saturation soit arrivé. Quoique la couleur rouge qui résulte de l'action de l'acide sulfurique, offre d'autres nuances que celle qui est produit par l'acide carbonique libre, l'expérience n'en démontre pas moins qu'on ne devient habile à saisir toujours exactement le point en question, que par une longue pratique. La plupart des différences qu'offrent les résultats obtenus par diverses personnes, dans les appréciations des soudes ou des potasses, n'ont pas d'autre cause. L'un croit qu'il faut s'arrêter à la couleur rouge d'oignon, tandis qu'un autre pense qu'il faut encore ajouter de l'acide pour obtenir la véritable nuance.

Néanmoins, toutes les conditions dont nous venons de parler peuvent être remplies, quand on sait opérer avec précision, quand on possède de bons appareils, et qu'on a de la pratique et de la patience. De ces conditions, la plus difficile à remplir est la dernière, c'est-à-dire celle qui consiste *à se débarrasser des autres sels qui peuvent accompagner la potasse et la soude, et que l'acide sulfurique peut neutraliser, de même que les carbonates alcalins*, sels qui, pour cette raison, deviennent des sources incontestables de graves erreurs. — Des sels de cette nature se rencontrent toujours, en quantités plus ou moins considérables, aussi bien dans les cendres des plantes que dans les soudes artificielles en particulier. On trouve principalement, dans les premières, les silicates et les phosphates alcalins, les carbonates, les phosphates et les silicates des terres alcalines; dans les soudes artificielles, on rencontre les sulfites et les hyposulfites de soude, le sulfure de sodium, et, de plus, dans la soude brute, le carbonate de chaux et le sulfure de calcium. Parmi ces sels, ceux qui sont insolubles dans l'eau (les sels terreux), peuvent, quand on traite les échantillons par l'eau, être séparés par le filtre. Pour écarter ceux qui sont solubles (les soudes qui contiennent les sulfites ou les sulfures des métaux alcalins, doivent, avant d'être soumises aux essais, avoir été fondues avec du chlorate de potasse), l'opération devient, d'une part, très-minutieuse, et, de l'autre, il est tout à fait impossible d'en venir à bout si les matières se trouvent souillées par des hyposulfites, par des silicates et par des phosphates. La présence de ces sels est la cause pour laquelle les essais des potasses et des soudes, qui se pratiquent d'après les méthodes actuelles, ne méritent pas une grande confiance sous le rapport de l'exactitude absolue, lorsque ces impuretés s'y trouvent en quantité un peu notable. Il en résulte que la quantité pour cent de ces potasses ou de ces soudes, en carbonates alcalins, est presque toujours évaluée trop haut, au détriment de l'acheteur, erreur qui vient encore s'ajouter à toutes les fautes qu'on peut faire, en général, dans l'opération. — On pourra mieux se faire une idée de l'importance et de la portée de ce reproche, quand on saura que presque toutes les espèces de soudes du commerce renferment des quantités si considérables de sulfites et d'hyposulfites de soude, qu'on n'a pu encore arriver, par le moyen des méthodes actuelles, pour beaucoup de ces soudes, qu'à des résultats qui sont entre eux à peine approximatifs (les différences offrant des excès de 3, 4, 6 et plus, pour cent). Cette circonstance acquiert d'autant plus d'importance, que l'emploi de la potasse et des soudes préparées avec les cendres des plantes, est dédaigné aujourd'hui pour celui des soudes factices.

En résumant tout ce que nous venons de dire, il s'ensuit que toutes les méthodes alcalimétriques qui ont été mises en usage jusqu'ici, donneraient de bons résultats, si ce n'était la présence des sulfates métalliques, des silicates, des phosphates, des sulfites et des hyposulfites, en supposant toutefois que le manipulateur fût exercé, et que toutes les autres conditions fussent exactement remplies. Mais, dès que ces sels sont présents, circonstance qui, comme nous l'avons dit, a presque toujours lieu avec les espèces de potasses et de soudes dont nous parlons, il y a alors beaucoup de conditions à remplir pour obtenir des résultats satisfaisants ; il y a même impossibilité matérielle à y parvenir.

Si l'on considère quels sont les chimistes qui se sont occupés de perfectionner les méthodes basées sur le principe adopté jusqu'ici, ainsi que les modifications éminemment ingénieuses qui ont été successivement proposées pour atteindre le but, on acquiert la conviction que les défauts qu'on reproche à ces méthodes, ne proviennent nullement des indications défectueuses qui peuvent avoir lieu dans la conduite de l'opération, mais qu'ils sont évidemment la conséquence du principe même sur lequel ces méthodes sont fondées, et enfin, qu'il n'est pas possible que ces défauts disparaissent, tant que l'on conservera ce même principe.

§ 3.

Nouveau mode d'alcalimétrie. — Son principe, sa base, son exécution en général. (Appareil. — Opération.)

Les méthodes dont nous nous servons pour nos essais, et dans l'explication desquelles nous allons maintenant entrer, reposent sur un autre principe, non moins approché, et tout aussi simple que le précédent, mais diamétralement opposé.

Lorsqu'on veut trouver la composition d'un corps composé dont les parties constituantes sont dans un rapport connu, déterminé et invariable, il n'est pas nécessaire de constater la quantité de toutes ces diverses parties, attendu que la détermination de l'une ou de l'autre d'entre elles suffit déjà pour établir le rapport quantitatif de la combinaison qui constitue ce corps. — Le but des essais de la potasse et de la soude, c'est la détermination du carbonate alcalin qu'elles contiennent. D'après le principe que nous venons d'énoncer (toujours en supposant que l'acide carbonique et les alcalis sont en proportions définies), ce résultat peut être obtenu tout aussi bien par le dosage de l'alcali que par celui de l'acide carbonique. Les méthodes alcalimétriques actuelles ont cherché à atteindre leur but, par l'appréciation de la quantité d'*alcali*, ce à quoi on est arrivé en mesurant l'acide nécessaire pour saturer celui-ci ; — suivant notre méthode, on atteint le même but, en déterminant, au contraire, la quantité d'*acide carbonique* qui se trouve combinée avec les alcalis.

Pour fonder un mode d'essai sur ce principe, la

première et la plus essentielle des conditions à remplir, c'était d'indiquer un moyen de déterminer l'acide carbonique, qui fût propre à satisfaire, dans tous les cas, aux questions posées ci-dessus pour les diverses applications de la pratique.

Pour la détermination de l'acide carbonique, on se sert en chimie, de diverses méthodes : tantôt on calcine le composé qu'il s'agit d'analyser, ou tout seul, ou en y ajoutant des substances qui séparent l'acide carbonique des bases, et on évalue la quantité de celui-ci d'après la perte de poids ; bien plus fréquemment encore, on détermine cette quantité par la voie humide, soit en faisant passer cet acide gazeux dans un liquide (lessive de potasse caustique) qui l'absorbe, et qui en indique la quantité absorbée par l'augmentation de son propre poids ; soit en chassant l'acide carbonique par l'addition d'un excès d'acide, avec la précaution qu'il ne se perde pas, en même temps, d'autre matière, et surtout de l'eau ; on évalue ensuite, par la perte de poids, la quantité éliminée. Parmi toutes ces méthodes, il est facile de voir, au premier coup d'œil, qu'il n'y a que la dernière qui soit applicable aux opérations techniques ; et d'ailleurs, pour cette application, MM. Berzélius, H. Rose, Fritzzsche, Erdmann, Marchand, et d'autres chimistes, ont décrit des appareils nombreux. Nous nous sommes servis d'abord, dans ce même but, d'un appareil extrêmement simple, qui est très-propre à faire comprendre le mieux possible ce qui se passe.

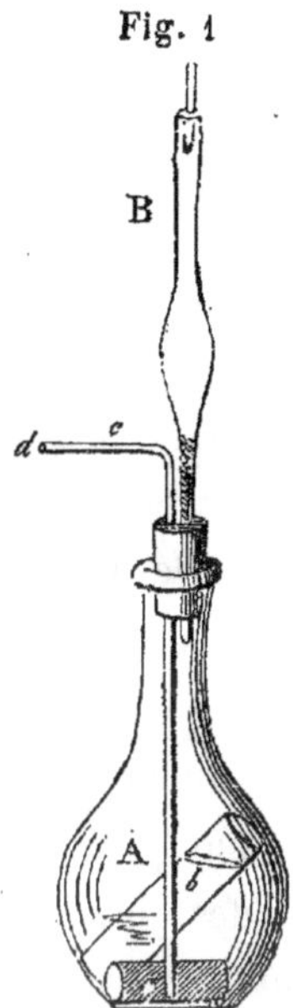

Fig. 1

On introduit dans une fiole A, dont le fond est plat, le petit tube *a*, qui renferme le composé carbonaté qu'on se propose d'analyser, et le tube *b* qui contient l'acide (chlorhydrique , ou mieux sulfurique étendu d'eau) qui doit opérer la décomposition. Ce second tube doit avoir assez de longueur pour qu'il ne puisse pas tomber horizontalement au fond de la fiole. Cela fait, on ferme celle-ci avec un bouchon dans lequel on a introduit, premièrement, un tube B rempli de chlorure de calcium (substance qui est très-avide d'eau) ; secondement, un autre tube mince *c* qui, par une de ses extrémités, plonge jusqu'au fond de la fiole A, et qui, par l'autre, est fermé par une petite boule de cire *d*. L'appareil étant ainsi disposé, on le pèse ; puis on le penche, afin que l'acide du

tube *b* se déverse ; il en résulte que l'acide carbonique se dégage, et passe à travers le tube rempli de
chlorure de calcium, où il se dépouille de son humidité. Quand le dégagement, qu'on favorise vers la
fin par l'application de la chaleur, est terminé, on
chasse l'acide carbonique qui se trouve encore dans
l'appareil, en enlevant la petite boule de cire, en
attachant au tube *c*, à l'aide d'un tuyau en caout-
chouc, un autre tube rempli de chlorure de calcium,
et en opérant une succion en B, jusqu'à ce que l'air
amené par cette succion n'ait plus la moindre saveur
d'acide carbonique. L'appareil est alors pesé de nouveau, et sa perte de poids donne la quantité d'acide
carbonique qui était contenue dans le composé.

Cet appareil fournit des résultats très-exacts, et
ne laisse à peu près rien à désirer au chimiste ; cependant, il ne pouvait remplir notre but, attendu
qu'il ne peut servir qu'à décomposer des quantités
de matières si petites, qu'elles exigent une balance
très-sensible pour obtenir de l'exactitude dans les
résultats. Nous avons donc construit un nouvel appareil par lequel on opère la dessiccation de l'acide
carbonique, non plus, comme dans tous les appareils
construits jusqu'ici, par le chlorure de calcium, mais
de la manière la plus simple, par l'acide sulfurique

même qui sert à dégager l'acide carbonique de ses combinaisons. Cet appareil permet, en outre, de décomposer une quantité très-considérable de matière. — On n'a pas à craindre, en l'employant, d'avoir trop peu d'acide. — L'eau est arrêtée d'une manière bien plus complète qu'il n'est possible de le faire avec le chlorure de calcium, lorsque le dégagement de l'acide s'opère avec quelque rapidité, et il devient inutile d'appliquer la chaleur, vu que l'acide sulfurique lui-même supplée à cette condition. L'exactitude et la constance des résultats, même en opérant avec les balances les plus ordinaires des pharmaciens, consistant en plateaux de corne suspendus au moyen de ficelles, et la facilité avec laquelle tout le monde peut obtenir cette exactitude, ont surpassé notre attente ; enfin, la simplicité de l'appareil permet, en outre, à chacun, de le monter aisément, ainsi qu'on va le voir par les détails que nous allons donner.

A et B (fig. 2) sont deux flacons à fond plat, qu'on peut remplacer par des fioles à médecine lorsqu'elles ont une ouverture assez large. A peut contenir environ 4 à 5 onces d'eau (122 à 153^{gr}) ; il est convenable de prendre B un peu plus petit : il suffit qu'il puisse en contenir 3 ou 4 onces (91 à 122^{gr}). Ces flacons

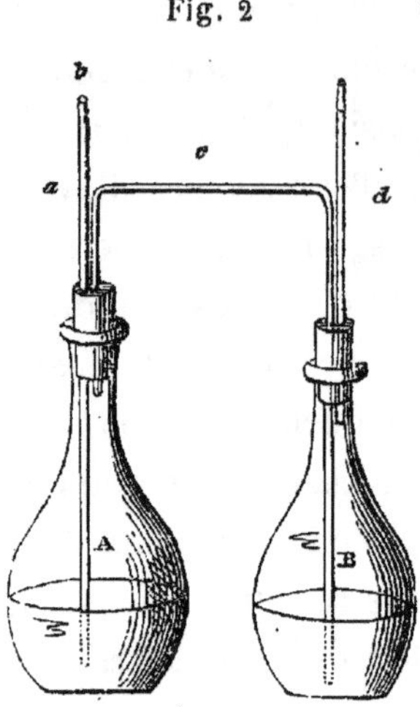

Fig. 2

sont fermés par des bouchons de liège, dont chacun est percé de deux trous. Ces trous donnent passage aux tubes b, c et d, comme la fig. 2 le représente. Tous les tubes sont ouverts par leurs extrémités. Lorsqu'on fait usage de l'appareil, on bouche le tube a par son extrémité b, au moyen d'un tampon de cire ; on introduit, dans le flacon A, la substance qu'on veut analyser et qu'on a préalablement pesée ; on y verse aussitôt de l'eau jusqu'au tiers environ de sa capacité ; enfin, on remplit B à moitié avec de l'acide sulfurique anglais ordinaire, on adapte ensuite les bouchons, et on pèse l'appareil. Cela fait, on aspire un peu par le tube d pour raréfier l'air dans tout l'appareil. Il en résulte que l'acide sulfurique, qui se trouve dans le flacon B, monte par le tube c, et qu'une portion s'en déverse, par ce tube, dans le flacon A. Aussitôt que cet acide arrive dans la solution de carbonate, il se manifeste un vif dégagement d'acide carbonique. Par suite de la disposition de l'appareil, cet acide doit venir passer à travers l'acide sulfurique en B, avant de pouvoir s'échapper par le tube *d* qui présente la seule issue de l'appareil. Dans ce passage, son humidité est absorbée et retenue, comme on le comprend bien, d'une manière beaucoup plus complète que par tout autre moyen. A mesure que l'acide sulfurique se déverse, le liquide en A s'échauffe et se dilate, ainsi que l'air qui se trouve au-dessus de lui ; tandis que le refroidissement s'opère, le liquide et l'air reprennent leur volume primitif, d'où il résulte qu'une nouvelle portion d'acide sulfurique s'écoule vers A aussitôt que le dégagement du gaz a cessé. C'est là ce qui fait que le déversement de l'acide sulfurique se renouvelle spontanément ; mais il y a une autre cause qui le favorise au commencement de l'opération, et cette cause la voici : c'est que l'acide carbonique qui est renfermé en A, est absorbé par le carbonate alcalin qui n'est point encore décomposé, pour former, avec lui, un sesqui ou un bicarbonate alcalin. Cependant, si l'on voulait abandonner à ces seules causes chaque nouveau déversement successif de l'acide sulfurique, l'essai pourrait bien se prolonger longtemps. Il est donc bien plus simple, toutes les fois que le dégagement du gaz s'arrête, de raréfier l'air dans l'appareil en y opérant une succion, comme au commencement, par le tube d; l'opération ainsi conduite est terminée en quelques minutes. Lorsque le carbonate est complétement décomposé (ce que l'on constate directement en voyant qu'il n'y a plus de dégagement lorsqu'on fait déverser une nouvelle quantité d'acide), on procède à une nouvelle succion pour faire passer dans A une quantité un peu plus grande de l'acide qui reste encore dans B. Il en résulte alors que la liqueur s'échauffe tellement, que tout l'acide qu'elle avait absorbé s'en dégage. Lorsque le dégagement du gaz a complétement cessé, on ouvre l'extrémité du tube a en soulevant un peu le bouchon de cire, et on aspire en d, jusqu'à ce que tout l'acide carbonique dont l'appareil était encore rempli, soit remplacé par de l'air atmosphérique, c'est-à-dire jusqu'à ce qu'on aspire de l'air pur. Cela fait, on laisse refroidir l'appareil, on le sèche, et on le pèse ; la perte de poids donne avec la plus grande précision la quantité d'acide carbonique qui était renfermée dans l'échantillon. Quant au moyen simple à l'aide duquel on déduit, de l'acide carbonique trouvé, le titre de la potasse ou celui de la soude, en carbonates alcalins, nous le verrons plus bas.

§ 4.

*Nouvelle méthode d'alcalimétrie. — Son degré
de précision.*

Le mode de détermination de l'acide carbonique, tel que nous venons de l'exposer, sert de base aux diverses méthodes d'essais que nous allons appliquer, non-seulement à l'alcalimétrie, mais aussi aux essais des acides et du peroxyde de manganèse. L'appareil décrit et représenté dans la fig. 2 nous servira de moyen d'exécution. Relativement à l'importance de cet appareil, nous ne pouvons pas nous dispenser de discuter, avec plus de détail, sa construction, ou, pour mieux dire, ses parties une à une, par la raison que nous ne devons pas supposer que tous ceux pour qui ces essais ont de l'importance, soient déjà parfaitement familiarisés avec les conditions que l'on doit observer en montant des appareils semblables. Toutefois, avant d'aborder ces détails, nous allons décrire les expériences à l'aide desquelles nous nous sommes assurés de l'exactitude des résultats obtenus avec notre appareil. Voici comment ces expériences ont été conduites : nous avons d'abord expérimenté avec du carbonate de soude chimiquement pur, ensuite avec de la soude factice dont la composition nous était parfaitement connue, et qui avait été préparée avec un mélange de carbonate de soude et de sel de Glauber. Nous ne donnons ici que les résultats des analyses de la première substance, ceux de la dernière se trouvent au § 19. Tous les essais ont été faits à dessein, avec les balances ordinaires, à la main, dont se servent les pharmaciens.

		acide carb.
1° 4,83 grammes de carbonate de soude pur ont donné		2,010
2° 4,83 — —		1,995
3° 4,83 — —		2,020
4° 2,56 — —		1,062
5° 4,255 carbonate de soude cristallisé ont donné		0,655
6° 4,275 — —		0,665

De ces nombres, déduits des analyses, ressortent les résultats en %₀ qui suivent :

	acide carbonique.			grammes.
L'essai n° 1 a donné	41,61,	tandis qu'il aurait dû fournir		41,30
n° 2 —	41,30	—	—	»
n° 3 —	41,82	—	—	»
n° 4 —	41,45	—	—	»
n° 5 —	15,39	—	—	15,35
n° 6 —	15,55	—	—	»

D'après ces résultats, on voit tout d'abord que les quantités trouvées montrent l'accord le plus satisfaisant avec les déterminations même les plus rigoureuses obtenues par le calcul, et auxquelles on n'a pu arriver que par les analyses chimiques les plus précises. On s'aperçoit, de plus, en considérant aussi les expériences qui sont indiquées dans le § 19, que cette manière de déterminer l'acide carbonidue n'est sujette à aucune cause d'erreur qui puisse faire évaluer constamment, ou trop haut ou trop bas, sa quantité. Les nombres trouvés sont seulement, tantôt un peu plus forts, et tantôt un peu plus faibles que ceux qui ont été calculés ; d'où il suit que les différences sont uniquement la conséquence de petites erreurs d'observation, impossibles à éviter dans la détermination des poids, tant de la substance employée que de l'appareil, — erreurs qui dépendent, plus ou moins, de l'état humide de l'atmosphère et de la température de l'appareil, laquelle n'est pas rigoureusement égale avant et après le dégagement de l'acide carbonique.

§ 5.

De la nouvelle méthode alcalimétrique. Ses sources possibles d'erreurs.

Il est donc démontré qu'on ne peut faire aucun reproche, soit à l'appareil, soit au mode de détermination de l'acide carbonique considérés en eux-mêmes. Peut-être n'en est-il pas ainsi lorsqu'on veut appliquer l'appareil à l'essai des potasses et des soudes, ainsi qu'à celui des substances qui, outre les carbonates, contiennent aussi d'autres sels ; car ces sels, ainsi que nous l'avons vu en considérant les méthodes précédentes, ont de l'influence sur le résultat, et peuvent l'affecter d'erreur. — Or, parmi les substances constituantes de la potasse et de la soude qui méritent sous ce rapport, notre attention, sont tous les sels qui renferment des acides volatils. Il est impossible que tous les autres sels puissent exercer une influence nuisible. Parmi les premiers, on ne peut prendre en considération que ceux qui sont solubles dans l'eau, car les sels qui sont insolubles, comme par exemple, le carbonate de chaux, peuvent, dans le cas où ils sont présents, être séparés du carbonate alcalin par le simple traitement de l'échantillon avec de l'eau. Il reste donc à discuter l'influence que les chlorures métalliques, les sulfures métalliques, les sulfites et les hyposulfites peuvent exercer. (Voyez §§ 11 et 12.)

Considérons d'abord quelles erreurs il en résulterait, si l'on mélangeait du carbonate pur de soude, ou de potasse, avec les combinaisons susnommées, sans rien changer à la disposition de l'appareil, ni au procédé que nous venons de décrire.

La présence des chlorures métalliques ne donnerait lieu à aucune erreur ; par suite de l'état de dilu-

tion dans lequel se trouve la solution de la substance
d'essai, il ne se dégage aucune trace de l'acide hydrochlorique qui se trouve mis en liberté. — Quant
aux sulfures métalliques, ils donneraient lieu à une
erreur. Le gaz hydro-sulfurique, quoiqu'il fût décomposé partiellement par l'acide sulfurique, se dégagerait en plus grande partie, et son poids s'ajou-
terait à celui de l'acide carbonique, et par conséquent l'augmenterait. Relativement aux sulfites et
aux hyposulfites qu'on peut considérer ensemble, ils
donneraient pareillement lieu à des erreurs, attendu
que l'acide hyposulfureux mis en liberté se décompose en soufre et en acide sulfureux, et que le gaz
sulfureux qui se dégagerait avec l'acide carbonique
augmenterait pareillement le poids de cet acide.

Le gaz hydrosulfurique et l'acide sulfureux cause-
raient donc des erreurs, et si l'on ne pouvait pas en
prévenir le dégagement, le nouveau mode d'alcalimétrie ne serait pas applicable dans toutes les circonstances. Toutefois, rien n'est plus simple que de
parer à cet inconvénient : on n'a qu'à ajouter à
l'échantillon ce qu'on peut prendre de chromate de
potasse jaune avec la pointe d'un couteau, et toute
cette cause d'erreur disparaît. L'acide sulfureux,
aussi bien que l'acide hydrosulfurique, seront de

cette manière décomposés à mesure qu'ils seront mis en liberté, et les produits qui en résulteront, savoir : du sulfate d'oxyde de chrome, de l'eau et du soufre resteront tous dans la liqueur.

Les sources d'erreurs qui peuvent résulter de la présence d'autres sels dans la potasse, ou dans la soude, peuvent donc être évitées d'une manière infiniment simple; mais il faut, de plus, avoir égard à une autre circonstance, avant dé présenter notre méthode comme irréprochable. On peut, en effet, nous poser cette question, savoir : si l'on pourra toujours déduire, avec exactitude, de la quantité d'acide cabonique qu'on aura trouvée, la valeur commerciale de la potasse ou de la soude, dans le sens même de cette expression, telle que nous l'avons définie plus haut. Cette question sera résolue quand on aura répondu à une autre que voici : Trouve-t-on, dans les parties solubles des potasses et des soudes, la quantité d'acide carbonique, en rapport déterminé et constant, ou en rapport indéterminé et variable, avec la quantité d'alcali dont les dissolutions dans l'eau sont rendues caustiques par le traitement à la chaux (quantité d'alcali qui détermine par conséquent la valeur vénale de ces potasses et de ces soudes, dans l'acception rigoureuse du mot) ?

Si la dernière de ces deux suppositions est juste, la nouvelle méthode est fausse dans son principe ; mais si le rapport est défini et invariable, ou même si ce rapport, dans le cas où il n'existe pas encore, peut être établi d'une manière simple, tous les reproches que l'on pourrait faire à notre méthode d'essai se trouvent par cela même réfutés.

D'après les opinions généralement adoptées, le rapport en question est défini. Qui est-ce qui n'est pas d'accord que la potasse et la soude renferment des carbonates neutres alcalins ? Toutefois, dans ces derniers temps, on a voulu s'éloigner de ce rapport défini, et cela dans deux directions différentes. D'après les uns, l'acide carbonique dans la potasse et dans la soude doit être quelquefois , relativement à l'alcali, en moindre proportion que ne l'exige la composition d'un carbonate neutre de potasse ou de soude. Selon d'autres, cette proportion serait, au contraire, plus considérable. D'après les indications des premiers, on rencontre, dans quelques espèces de potasse et de soudes, des alcalis caustiques mélangés à des carbonates neutres ; et, suivant les seconds, elles renferment du bicarbonate , du sesquicarbonate, et même, d'après un chimiste, du 9/8 carbonate d'alcali. — Notre problème est d'examiner la justesse de ces assertions considérées en elles-mêmes, d'éclaircir les circonstances d'où dépendent les variations signalées, d'apprécier les indices que laissent reconnaître ces espèces anomales de potasses et de soudes, et de discuter si ces anomalies peuvent exercer une influence nuisible et importante sur l'exactitude de notre méthode d'essai alcalimétrique, et de quelle manière on peut compenser cette influence. D'abord, nous ferons remarquer qu'il reste, dans tous les cas, pour notre méthode, une source d'erreur que voici : c'est lorsque, dans la potasse, il y a du carbonate de soude que l'on compte comme carbonate potassique, *et vice versâ*. Mais, quand il s'agit seulement d'obtenir le chiffre d'un équivalent défini d'alcali que l'on considère comme le représentant d'une force, ou comme le propre moyen d'opérer une action chimique déterminée, on obtient alors un résultat parfaitement exact ; car, plus le nombre qui exprime l'équivalent de la soude est petit par rapport à celui de la potasse, et plus, dans le calcul, on admet de potasse au lieu de soude.

On peut dire, en d'autres termes, que l'acide carbonique est proportionnel à la force et à l'effet, tant de la potasse que de la soude, ou d'un mélange de ces deux corps. Si, d'après la loi des équivalents, on transporté d'une substance à une autre une quantité déterminée d'un acide quelconque, il se neutralisera une quantité de carbonate alcalin exactement semblable à la quantité d'acide trouvée. — Mais si le carbonate de potasse est considéré comme *sel potassique*, il en résulte naturellement que l'acide carbonique ne donne aucune lumière sur la proportion dans laquelle se trouvent les alcalis mélangés.

Toutefois, cet inconvénient n'est pas particulier à notre méthode ; il appartient, au même degré, à toutes les autres méthodes alcalimétriques connues jusqu'ici.

§ 6.

Du carbonate alcalin caustique, du sesquicarbonate, du bicarbonate et du 9/8 carbonate alcalin, dans la potasse et dans la soude.

Quant à de la *potasse caustique*, il s'en trouve assurément dans les potasses d'Amérique. Elle doit son origine à cette circonstance que, lors de leur préparation, on y ajoute de la chaux vive. La quantité de potasse caustique dépend de la quantité de chaux qu'on y a ajoutée. D'après quelques assertions, il paraîtrait aussi que lors de la calcination des potasses brutes, il se forme un peu de potasse caustique par l'action du carbonate, et surtout par celle des matières organiques sur le carbonate alcalin. Nous ne nierons pas directement le fait de cette assertion, en ne contestant pas qu'il ne puisse se former, de cette manière, de la potasse caustique. Toutefois, cette formation nous paraît un peu invraisemblabe, par la raison qu'à la température à laquelle cette décomposition peut commencer, il devrait également se former du sulfure de potassium, ce qui, comme on le sait, n'a pas lieu pour les potasses d'Allemagne, d'Illyrie, etc., et de plus, dans la calcination telle qu'elle s'opère aujourd'hui, comme la masse, lorsqu'elle est dans le fourneau à réverbère, se trouve chauffée dans une atmosphère riche en acide carbonique, il en résulte que l'alcali caustique qui pourrait se former, serait immédiatement saturé de nouveau par l'acide carbonique. Nous pourrions encore ajouter, comme un fait, que toutes les sortes de potasses que nous avons trouvées dans le commerce (potasse d'Allemagne, de Bohème, d'Illyrie, etc. (voy. § 20), ne renfermaient aucune trace d'alcali caustique, ce dont nous nous sommes convaincus, non-seulement d'après la méthode décrite plus loin, au § 14, mais aussi par l'expérience qui a consisté à peser des échantillons calcinés, à les humecter avec une solution concentrée de carbonate d'ammoniaque, et après avoir fait évaporer la liqueur, à les calciner, et à les peser de nouveau. Or, aucun de ces échantillons n'a augmenté de poids. Ce n'est donc que dans des cas très-rares que l'on peut craindre la présence de la potasse caustique, et ordinairement, seulement dans certaines potasses du nord de l'Amérique.

Quant à la *soude caustique*, elle se rencontre assez communément dans les diverses espèces de soudes du commerce. Elle doit le plus souvent son origine à la transformation du carbonate de soude, et à celle du carbonate de chaux devenu caustique par la calcination, et elle se trouve toujours dans la soude, quand celle-ci n'a pas été débarrassée du sulfure de calcium par la cristallisation, ou lorsque la lessive n'a pas été exposée assez longtemps à l'air pour qu'elle pût se saturer complétement d'acide carbonique (voy. § 21).

La méthode d'après laquelle on aura à procéder pour reconnaître, d'une manière simple, l'alcali caustique contenu dans la soude ou dans la potasse, et pour prévenir son influence sur le résultat, sera décrite un peu plus loin au § 14.

Le bicarbonate, ou plutôt *le sesquicarbonate de potasse*, ou celui *de soude*, se forment, dans la potasse ou dans la soude, par l'absorption de l'acide carbonique de l'air, lorsque ces substances restent exposées pendant longtemps au contact de l'atmosphère. Leur quantité est ordinairement, d'après nos expériences, extrêmement faible, et dans la plupart des cas, à peine perceptible. Pour les découvrir, on ajoute à la solution de la potasse, ou à celle de la soude qu'on veut essayer, une dissolution de chlorure de calcium en excès, on filtre, et on ajoute de l'ammoniaque à la liqueur. Le trouble qui se manifeste immédiatement les fait reconnaître. Du reste, il est indifférent qu'ils soient présents ou non, vu qu'ils se transforment en carbonates neutres par une légère calcination. Ils sont donc sans influence sur le résultat attendu que dans notre méthode on ne peut jamais se dispenser de faire chauffer les échantillons. (Voy. §§ 13 et 16.)

Cette indication de tous les chimistes, savoir: que le sesquicarbonate ou le bicarbonate de potasse se transforme, par la calcination, en un sel neutre, a été récemment mise en doute par M. *Hermann* (*Journal f.*, *Prakt. Chemie*, t. XXII, p. 442). Ce chimiste prétend que le résidu n'est pas un sel neutre, mais bien du 9/8 carbonate alcalin, et il fonde son assertion sur deux analyses, l'une du résidu du bicarbonate de potasse, l'autre de celui du bicarbonate de soude. Il admet, en outre, que la potasse ne contient pas, non plus, de potasse neutre, mais aussi du 9/8 carbonate. Ces assertions paraissent tellement invraisemblables, que, pour notre propre satisfaction, il était à peine nécessaire d'entreprendre des expériences, pour être convaincus de leur inexactitude. Cependant, comme des résultats en chiffres ne peuvent être réfutés que par d'autres chiffres, et qu'il est de la plus haute importance que des données de cette nature ne s'introduisent pas dans la science, nous nous sommes cru obligés de répéter les expériences de M. Hermann. Les résultats suivants feront juger de la justesse de nos analyses :

(*a*) *Analyse du résidu de la calcination du bicarbonate de potasse chimiquement pur.*

1° $2^{gr},8135$ ont donné, avec notre appareil, $0^{gr},855$ acide carbonique ;

2° $3^{gr},4488$ ont donné, avec notre appareil, $1^{gr},0985$ acide carbonique ;

Ce qui correspond, pour 100 parties, à :

	I	II	calculé comme sel neutre.
Acide carbonique	31,45	31,85	31,80
Potasse.	68,55	68,15	68,20
	100,00	100,00	100,00

Le 9/8 carbonate de potasse demanderait :

Acide carbonique   34,37

Potasse.   65,63

100,00

(b) Analyse du résidu de la calcination du bicarbonate de soude chimiquement pur.

1° $2^{gr},498$ ont donné, avec notre appareil, $1^{gr},0247$ acide carbonique ;

2° $2^{gr},7881$ ont donné, avec notre appareil, $1^{gr},1565$ acide carbonique.

Ce qui correspond, pour 100 parties à

	I	II	calculé comme sel neutre.
Acide carbonique	41,02	41,48	41,29
Soude	58,98	58,52	58,71
	100,00	100,00	100,00

Le 9/8 carbonate de soude demanderait :

Acide carbonique   44,18

Soude   55,82

100,00

Ces nombres écartent donc tous les doutes sur la constitution chimique des résidus de la calcination ; ils démontrent évidemment qu'à une plus haute température, il ne peut pas plus exister du 9/8 carbonate alcalin, qu'une combinaison quelconque renfermant plus d'acide carbonique que la quantité qui correspond aux sels neutres ; et ces nombres donnent, en même temps, avec sécurité, la clef de faits dont nous aurons à faire la preuve.

§ 7.

De la nouvelle méthode alcalimétrique ; confection de l'appareil, et pratique de l'opération en particulier.

De la discussion à laquelle nous venons de nous livrer, il résulte qu'on ne peut faire à la nouvelle méthode d'essai de la potasse et de la soude, aucun reproche qui soit fondé, soit sous le rapport de sa précision, soit sous celui des sources d'erreurs qui sont définies. Néanmoins, pour que la justesse des résultats qu'on se propose d'obtenir, corresponde le plus possible à la justesse du principe, il est nécessaire de donner une certaine attention à l'appareil et à l'opération.

Il y a trois choses à observer en montant l'appareil :

1° *Il faut qu'il soit fermé hermétiquement ;*

2° *Qu'il soit disposé de manière que la solution de la soude, ou celle de la potasse, ne puisse pas se déverser sur l'acide sulfurique ;*

3° *Que l'appareil ne soit pas trop cassant.*

Pour que ces conditions se trouvent remplies autant que possible, il faut faire attention aux choses suivantes :

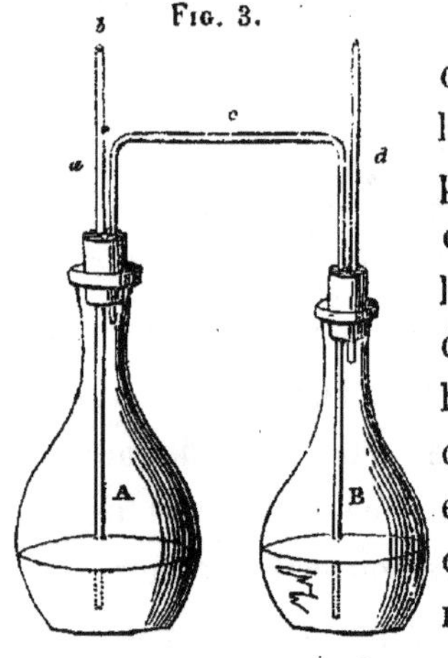

En choisissant les flacons, on s'attache à ce que leurs ouvertures soient parfaitement arrondies, et qu'elles ne soient pas trop larges ; autrement il serait difficile de les boucher hermétiquement. Les bouchons doivent être mous et d'un liège uni ; ceux qui sont durs et percillés ne peuvent aucunement servir à cet usage. On ne doit pas prendre, non plus, ceux qui sont trop courts, il faut qu'ils puissent, en les tournant, entrer assez loin dans les goulot (presque jusqu'à moitié). On les perce au moyen d'une queue de rat ; il faut que cette opération soit faite avec beaucoup de soin et d'attention, afin que les trous soient ronds et lisse. Leur diamètre doit être tel que les tubes de verre qu'on y introduit, et qu'on enduit convenablement d'un peu de suif, n'y entrent qu'avec un certain effort. On prend ces tubes assez étroits, à peu près de l'épaisseur d'un tuyau de plume de corbeau. On courbe le tube *c* à la flamme d'une lampe à esprit de vin, ou bien sur un petit feu de charbon; on fait attention à ce que les angles ne soient pas rétrécis, mais bien arrondis. Les deux courbures doivent être faites de manière que les flacons ne soient pas trop distants l'un de l'autre, d'un pouce tout au plus. Ces deux dernières conditions font que l'appareil est moins susceptible de se briser. On émousse les extrémités tranchantes des tubes en leur faisant subir une légère fusion au feu. Si l'on craint que les tubes ne ferment pas hermétiquement, on revêt la partie supérieure des bouchons d'une couche de cire d'Espagne.

Cela fait, on introduit dans le flacon B l'acide sulfurique, ainsi que nous l'avons dit plus haut ; on fait passer dans le flacon A l'échantillon pesé, de l'eau, et au besoin (voy. ci-dessous §§ 14 et 16), un peu de chromate de potasse jaune qu'on a pulvérisé [1].

En bouchant les flacons, il est bon d'observer que

---

[1] Dans le cas où l'on ne serait pas pourvu de chromate jaune de potasse, on fait dissoudre dans l'eau qui doit être versée sur l'échantillon, un peu de chromate rouge de potasse (que l'on peut se procu-

cela se fait de la manière la plus facile et la plus sûre lorsqu'on fait d'abord entrer le bouchon dans B, et qu'ensuite on prend d'une main le bouchon qui est destiné pour A, et qu'on tourne le flacon de l'autre main. Si l'on voulait tourner le bouchon, au lieu du flacon, on risquerait davantage de casser l'appareil. Celui-ci étant ainsi monté, on l'essuie avec un linge sec, et on le pèse.

La balance dont on doit se servir doit être sensible seulement au point d'accuser bien distinctement au moins un *centigramme*. On peut complétement éviter les erreurs qui résulteraient de l'inégalité du fléau, en pesant toujours d'un côté, par la méthode de substitution, ainsi qu'il sera décrit avec détail au § 13. Cette manière de peser, outre cet avantage, en offre encore un autre, c'est qu'elle n'exige qu'un très-petit nombre de poids. Pour tous les essais, à peu près, dont nous traitons dans cet ouvrage, il sera tout à fait suffisant d'avoir des poids de 10 grammes à 5 milligrammes. On doit faire attention à ce qu'ils

rer dans tous les magasins de droguistes), et l'on y ajoute de l'esprit de sel ammoniac, jusqu'à ce que la couleur rouge de la liqueur soit devenue d'un jaune clair, et que l'odeur de l'ammoniaque soit sensiblement prédominante. Si l'on se trouvait dans le cas d'avoir à faire souvent des essais alcalimétriques, il serait convenable d'avoir toujours de cette dissolution en réserve.

soient parfaitement justes ; il faut au moins qu'ils correspondent entre eux.

Pour procéder à la décomposition du carbonate alcalin, on commence par faire une succion par le tube *d*, selon l'indication que nous avons donnée plus haut. Comme on le comprend aisément, on peut obtenir d'une autre manière le passage de l'acide sulfurique du flacon B dans le flacon A, savoir : en soufflant dans le tube *d*, ou bien par l'action de la chaleur, en chauffant le flacon A, et puis en le laissant refroidir. Cependant ces moyens sont moins simples et moins sûrs que le premier.

Au commencement du contact de l'acide sulfurique avec la dissolution du carbonate alcalin, il ne se dégage qu'une partie de l'acide carbonique qui se trouve chassée de sa combinaison ; une autre partie reste combinée avec le carbonate alcalin qui n'est pas encore décomposé, et forme avec lui un sesquicarbonate ou un bicarbonate [1]. Ce fait est cause que le dégagement de l'acide carbonique devient, après

---

[1] Les premières gouttes d'acide sulfurique concentré qui viennent en contact avec le carbonate alcalin, produisent un dégagement énergique et saccadé de gaz ; mais il ne faut pas, pour cela, cesser de continuer l'essai, attendu que cette effervescence est sans le moindre effet sur le résultat.

un certain temps, plus vif qu'il n'était auparavant, quand on introduit de nouveau de l'acide sulfurique. Lorsque le flacon est trop petit, ou lorsqu'il contient trop de liquide, ou lorsqu'on l'agite trop, ou enfin, lorsque l'extrémité du tube *c* entre trop dans le flacon A, il pourrait en résulter, au commencement de ce dégagement brusque, qu'une partie de la liqueur aqueuse se déversât dans l'acide sulfurique, ce qui serait cause que l'acide sulfurique s'échaufferait considérablement. Quoique cela seul ne compromît aucunement le succès de l'opération, néanmoins cela pourrait apporter quelque préjudice à l'exactitude de l'essai, en enlevant, par l'acide carbonique qui traverserait l'acide sulfurique échauffé et plus étendu, non-seulement de l'acide chlorhydrique, dans le cas où il y en aurait de présent, mais aussi un peu d'eau.

Fig. 4.

Pour opérer la succion d'un manière convenable, on se sert d'un bouchon de liége percé, ou bien d'un tube même à succion fig. 4. Si l'on se trouve incommodé par la saveur de l'acide carbonique, on n'a, pour l'éviter, qu'à remplir le tube à succion d'hydrate de chaux.

On introduit, à cet effet, dans un bout de tube, long de 20 à 30 centimètres, et d'environ 1 1/2 à 2 centimètres de diamètre, un léger tampon de coton, puis on ajoute, par dessus, une couche mince et légère d'hydrate de chaux assez humide pour y former des grumaux ; on introduit de nouveau un peu de coton avec unenouvelle couche d'hydrate de chaux, et ainsi de suite ; on ajoute encore, à l'extrémité, un dernier tampon de coton, et l'on ferme les deux ouvertures du tube avec des bouchons de liége percés ; on adapte à l'une d'elles un petit bout de tube mince. Le trou percé dans le bouchon qui ferme l'extrémité opposée, doit être assez grand pour que le tube d de l'appareil, qui doit y entrer juste, reste ouvert.

Quand l'opération est finie, si le déversement d'une plus grande quantité d'acide sulfurique a échauffé la liqueur dans A, et si le dégagement de l'acide carbonique est terminé, il faut alors soulever tout de suite la boule de cire qui ferme le tube a, et procéder à la succion de l'acide carbonique qui se trouve encore dans l'appareil ; autrement, il pourrait arriver qu'au refroidissement du flacon A, tout l'acide sulfurique de B se déversât de telle manière, que l'air ne vînt plus en contact avec l'acide sulfurique quand on opérerait la succion, d'où il résulterait une perte d'eau inévitable. — On ne doit pas cesser trop tôt la dernière succion, l'erreur qui en résulterait, provenant de l'acide carbonique qu'on laisserait dans l'appareil, serait plus considérable que celle qui peut provenir de la succion de la vapeur d'eau que l'air atmosphérique peut introduire dans l'acide sulfurique. Cette dernière erreur est sans influence sur le résultat dès que l'opération se fait sur des quantités aussi considérables que celles que notre appareil permet d'employer, et que nous indiquerons plus bas (§§ 13 et 16). Si l'on s'abstenait tout à fait de faire la succion dont il s'agit, on obtiendrait en moyenne, d'après notre méthode, environ $\frac{1}{2}$ pour cent d'acide carbonique en moins.

Il faut laisser refroidir complétement l'appareil avant de le peser de nouveau ; on accélérera le refroidissement en plongeant le ventre du flacon A dans l'eau froide. Cela fait, il est bien évident qu'il faut alors sécher l'appareil avec beaucoup de soin ; si l'on portait celui-ci encore chaud à la balance, on obtiendrait environ $\frac{1}{2}$ pour cent d'acide carbonique en plus.

— Quand l'opération est finie, et que l'on veut en recommencer une autre avec le même appareil, on verse encore un peu d'acide sulfurique dans B, on nettoie bien le flacon A, on fait disparaître des tubes *c* et *a*, dans les parties qui plongeaient dans A , les moindres traces d'acide qui auraient pu y rester adhérentes ; pour cela , on les plonge à plusieurs reprises dans l'eau , et on les sèche en y roulant du papier buvard ; on procède ensuite comme nous l'avons indiqué ci-dessus.

B. De la représentation des résultats.

§ 8.

Mode usité jusqu'à présent ; son incertitude.

On peut, ainsi que nous l'avons dit, considérer la potasse et la soude comme des mélanges de carbonates alcalins avec des sels étrangers ; dans l'état où on les trouve dans le commerce, elles contiennent, en outre, ordinairement de l'eau. — Le rapport du carbonate alcalin aux sels étrangers ne varie plus, dans les produits, une fois qu'ils sont préparés ; au contraire, le rapport de l'eau avec les sels est toujours sujet à des variations. Ce dernier rapport dépend, en effet, de l'état plus ou moins humide de l'air, d'un emballage plus ou moins soigné, etc. L'acheteur, lui, ne veut payer dans la soude, ou dans la potasse, ni les sels étrangers, ni l'eau, mais seulement le carbonate alcalin.

Ici, nous nous trouvons involontairement pressés par une question qui se présente, savoir : doit-il suffire de déterminer la quantité de carbonate alcalin renfermée dans la potasse ou dans la soude, comme on l'a fait seulement jusqu'ici ? Ou bien, doit-on se rendre compte encore de tout autre corps qui fait partie de ces substances , afin de juger de leur valeur, et si l'on répète les essais d'un autre, afin de pouvoir constater comme vraies, ou déclarer fausses, ses indications ?

Outre que la présence ou l'absence de sels étrangers rendent la potasse ou la soude plus ou moins propres à certains buts, il y a encore une autre raison qui fait paraître, comme complétement insuffisante, la seule détermination du carbonate alcalin.

Supposons qu'un fabricant essaie sa potasse au moment où elle sort du fourneau, et qu'il trouve qu'elle renferme 60 pour cent de carbonate alcalin. Il marque ses barriques, comme potasse de 60 pour cent, et les livre ainsi au commerce. L'une de ces barriques est transportée par un temps sec ; une autre est placée sous une voûte humide ; les douves d'une troisième sont poreuses ou ne joignent pas bien ; quelles en seront les conséquences ? L'acheteur de la première barrique trouve, après en avoir fait l'es-

sai, que sa potasse ne renferme que 58 0/0 ; celui de
la deuxième trouve seulement, dans la sienne, 54 0/0,
et celui de la troisième, seulement 48 0/0. Il n'y a pas
un seul de ces essais dont le résultat s'accorde avec
celui du fabricant, tous diffèrent entre eux. Il doit
s'ensuivre immédiatement qu'on se méfie de la méthode d'essai et de l'indication du fabricant. Or, ces
inconvénients proviennent, comme on le voit de
prime abord, de ce que, dans l'essai, ou dans la représentation des résultats, on n'a tenu aucun compte
de la quantité d'eau ; on pourrait la négliger si cette
quantité était constante ; mais comme elle est variable, et que cette variation depend de circonstances
extérieures, une pareille négligence ne doit avoir
lieu sous aucune condition.

§ 9.

*Nouveau mode de représentation des résultats, dans
lequel on tient compte de la quantité d'eau.*

Indépendamment du titre du carbonate alcalin,
on doit donc connaître aussi la quantité d'eau que
contient une potasse ou une soude, dont on veut
déterminer la valeur d'une manière exacte. — Nous
verrons, dans le § 13, de quelle manière simple, par
le seul chauffement d'un échantillon, on peut opé-

rer la détermination de l'eau qu'il contient. Pour le moment, nous devons d'abord discuter quelle est la manière la plus convenable de représenter la composition d'une potasse ou celle d'une soude, en tenant compte de la quantité d'eau qu'elle renferme, afin d'en indiquer le plus convenablement la valeur vénale.

La manière la plus simple d'y parvenir nous paraît, au premier aperçu, la manière ordinaire, savoir : celle qui consiste à exprimer en centièmes, les parties constituantes de la potasse ; en disant, par exemple :

> 60 carbonate de potasse.
>
> 30 sels étrangers.
>
> 10 eau.
> ______
> 100 potasse.

Mais, si nous supposons qu'un fabricant ait marqué sa potasse de cette manière, pour l'acheteur qui en fera l'essai lorsque celle-ci aura absorbé assez d'eau pour que 100 parties en pèsent 105, le résultat sera :

> 57,1 carbonate de potasse.
>
> 28,6 sels étrangers.
>
> 14,3 eau.
> ______
> 100,0 potasse.

Or, ces deux résultats ne peuvent pas être comparés ; ils exigeraient un calcul pour s'assurer, par le second, de l'exactitude du premier, relativement au rapport du carbonate alcalin avec les sels étrangers. Outre cela, ce mode d'indication serait, pour le commerce, trop difficile et trop long.

Il devenait plus convenable d'employer le mode suivant, d'après lequel l'indication du titre, en centièmes de potasse ou de soude, est toujours relative à l'état anhydre, et est exprimée par le numérateur invariable d'une fraction, tandis qu'on remarque, par un dénominateur variable, la quantité variable d'eau.

Ce mode de représentation offre l'avantage de pouvoir comparer, de la manière la plus simple, les résultats des diverses déterminations faites avec une seule et même espèce de potasse ou de soude.

Il montre, d'abord, si la différence de deux indications est relative au rapport du carbonate alcalin avec les sels étrangers, ou si elle se rapporte à la quantité d'eau. Ce mode offre de plus cet avantage que l'on voit, tout de suite, combien de kilogrammes de la marchandise renfermant de l'eau, correspondent à 100 kilogrammes de la même marchandise exempte d'eau ; et enfin, il permet de ramener, de la manière la plus simple, la nouvelle représentation à la précédente.

Supposons que nous voulions marquer qu'une potasse anhydre contenait 60 pour cent de carbonate de potasse, nous écririons, d'après notre mode de représentation :

$$\text{potasse à } \frac{60}{100}.$$

Si l'on admet, maintenant, que cette potasse ait absorbé assez d'humidité pour que 100 kilogrammes en pèsent 105, ou 107, on aurait alors, dans le premier cas, de la potasse à $\frac{60}{105}$, et dans l'autre, de la potasse à $\frac{60}{107}$, en ajoutant simplement le nombre des parties d'eau absorbées, au dénominateur de $\frac{60}{100}$.

Ces fractions nous indiquent alors tout ce que nous voulons connaître d'une potasse quelconque.

Elle nous disent, savoir :

1° Que le rapport du carbonate alcalin aux sels étrangers est, dans le premier cas, comme 60 : 40 (100 — 60), parce que le nombre 60 est relatif à la potasse anhydre ; que cette potasse étant d'un titre primitivement le même, l'un des échantillons a absorbé une quantité d'eau plus considérable que l'autre, savoir : l'un 5 parties et l'autre 7.

2° Que, dans le premier cas, 105, que dans le second, 107 kilog., ont seulement autant de valeur que 100 parties à $\dfrac{60}{100}$ (c'est-à-dire à 60 pour cent lorsque la potasse est privée d'eau), puisqu'alors, dans les 105, comme dans les 107 parties, il n'y a pas plus de carbonate alcalin qu'il n'y en avait primitivement dans 100 parties.

Ces fractions nous permettent de trouver :

3° Au moyen d'une simple division du dénominateur par le numérateur multiplié par 100, à quel titre correspond la potasse représentée d'après le mode d'indication précédent, et d'après la proportion :

105 : 60 :: 100 : x,   ou bien 107 : 60 :: 100 : x.

$x = 571$, pour cent. $x = 56$ pour cent.

Le fabricant détermine donc, d'après ce point de vue, le prix de la soude ou de la potasse dans l'état où elle est privée d'eau, et il marque le titre de la marchandise par une fraction, dont le numératenr indique la teneur en centièmes de carbonate alcalin, tandis que le dénominateur 100 indique l'absence de l'eau. Ainsi, par exemple, de la potasse à $\dfrac{60}{100}$ coûte 72 fr. les 100 kilog. ; le dénominateur vient à augmenter par l'absorption de l'humidité, il annonce alors à l'acheteur combien de marchandise il doit lui être fourni, en sus, pour le même prix, à cause de l'eau que cette marchandise contient ; si la potasse à $\dfrac{60}{100}$ a éprouvé un changement tel, qu'elle soit devenue de la potasse à $\dfrac{60}{105}$ ou à $\dfrac{60}{110}$, dès lors, 105 et 110 kil. de cette même potasse doivent ne coûter également que 72 fr.

Il est évident que ce mode d'indication donne, avec une égale simplicité, une sécurité beaucoup plus grande que le précédent. Par lui, tout doute est exclu, et toute erreur se trouve prévenue. — Il en résulte, de plus, que l'acheteur, dans le cas où il peut compter sur la probité et sur les résultats de l'essai du fabricant, n'a besoin que de faire la détermination de l'eau pour juger de la valeur absolue de la marchandise qu'il veut acheter ; en d'autres termes, il ne lui est nécessaire, dans ce cas, que de vérifier le dénominateur de la fraction, puisque c'est celui-ci qui est sujet à variation, tandis qu'il regarde

le numérateur invariable comme juste. — Pour quel-
qu'un qui croirait que la quantité d'eau qu'on rencontre dans les diverses espèces de soude et de potasse, est trop peu importante pour mériter qu'on
s'en occupe, qu'il lui suffise de savoir qu'on y en
trouve, bien souvent, jusqu'à 10 pour cent, et
même davantage, comme on peut le voir plus exactement par nos essais portés aux §§ 20 et 21.

Avant de passer à l'instruction spéciale qui con-
cerne l'exécution pratique des essais des soudes et
des potasses, nous ne pouvons nous dispenser d'appeler l'attention sur cette circonstance : que la détermination de la quantité d'eau, n'est pas seulement une chose nécessaire pour notre nouvelle méthode d'alcalimétrie, mais qu'il faut tout aussi bien
l'effectuer quand on procède d'après les méthodes
précédentes de détermination, et dans tous les cas
en général, où l'on veut profiter des avantages qui
en dérivent.

II.

INSTRUCTION SPÉCIALE POUR L'ESSAI PRATIQUE DE LA POTASSE ET CELUI DE LA SOUDE.

§ 10.

Afin de pouvoir déterminer exactement la valeur vénale de la potasse et celle de la soude, il est nécessaire de connaître, d'après ce que nous avons dit, la quantité d'eau qui se trouve dans la marchandise et la quantité de carbonate alcalin qui se trouve dans la potasse ou dans la soude anhydres. Les méthodes d'essais qui conduisent à cette connaissance, ont été considérées d'après leur principe dans le premier chapitre, il nous reste encore à les considérer sous la forme d'une marche pratique, d'après laquelle on puisse travailler directement quand on en fait l'application.

Cette marche ne reste pas la même pour tous les cas ; elle dépend de l'absence ou de la présence de certaines combinaisons chimiques qu'on peut considérer comme des impuretés de la potasse et de la soude. Il est donc nécessaire, avant d'indiquer la marche à suivre dans l'essai, de donner un aperçu succinct de toutes les substances qu'on rencontre dans la potasse ainsi que dans la soude.

A. Rapports chimiques de la potasse et de la soude.

§. 11.

1. Rapports chimiques de la potasse.

On distingue, dans le commerce, plusieurs sortes de potasses, soit d'après les localités où elles ont été préparées, soit d'après les matériaux avec lesquels on les a fabriquées. On peut citer comme celles qui sont les plus connues, les potasses d'Illyrie, de Russie, de Suède, d'Amérique, de Dantzick, de Saxe, de Waid ou de Trèves.

Si l'on compare les analyses de toutes ces sortes, on trouve qu'on rencontre certaines substances qui sont communes à chacune d'elles, tandis que d'autres substances ne se rencontrent que dans quelques-unes. On peut voir, dans le tableau suivant, quelles sont les substances qui appartiennent à l'une ou à l'autre série.

Substances qui se trouvent dans la potasse :

I. Substances solubles dans l'eau,
(a) Celles que l'on y rencontre toujours, sont :
  Le sulfate de potasse.

Le carbonate de potasse neutre.

Le chlorure de potassium.

Le silicate de potasse.

(b) *Celles qu'on y rencontre quelquefois sont :*

Le carbonate de soude.

Le phosphate de potasse.

Le sulfure de potassium.

Le manganésiate de potasse.

Le sesquicarbonate de potasse.

La potasse caustique.

De la matière organique.

II. Substances qui sont insolubles dans l'eau.

(a) *Celles qui ne manquent jamais :*

L'acide silicique.

(b) *Celles qu'on y rencontre quelquefois :*

Le silicate de chaux.

Le phosphate de chaux.

Le carbonate de chaux.

Le phosphate de magnésie.

Le carbonate de magnésie.

Le peroxyde de fer.

Le protoxyde de manganèse.

De l'alumine.

Du sable.

Du charbon.

Parmi ces substances, il y en a qui se sont trouvées primitivement dans la séve des plantes dont les
cendres ont servi à la fabrication de la potasse. Il y en
a d'autres qui n'ont été amenées dans l'état où elles
s'y rencontrent que par l'incinération, ou pour la calcination. Quant aux quantités, les proportions varient
selon les espèces de plantes, selon leur âge, et selon
le lieu où elles ont pris leur croissance. Ces proportions
dépendent aussi de la méthode qui a été suivie dans
la fabrication de la potasse. On trouve, par exemple,
dans les bonnes potasses, jusqu'à 90 p. 0/0, et plus,
de carbonate de potasse; tandis que dans les mauvaises, il n'y en a guère que 12 p. 0/0, et même moins.
Il s'y rencontre des substances qui ne manquent jamais : le sulfate de potasse est celle qui s'y trouve en
plus grande quantité ; le chlorure de potassium y est
en plus ou moins grande proportion, et le silicate de
potasse est la substance dont on trouve le moins. —
L'origine des carbonates alcalins est due à la décomposition des sels de potasse par des acides organiques ;
les autres combinaisons se sont trouvées, pour la plupart, toutes formées et renfermées dans les plantes.
Quant au silicate et au phosphate de potasse, ils se
forment souvent par l'action du carbonate de potasse
sur l'acide silicique, ou par celles des silicates de

chaux et des phosphates terreux, sous l'influence de la chaleur.

On trouve quelquefois, dans les potasses du nord de l'Amérique, du sulfure de potassium qui provient de la réduction du sulfate de potasse par des substances organiques, à la température très-élevée où cette ré-duction se fait. — Les causes d'où dépend la présence du sesquicarbonate de potasse et celle de la potasse caustique, se trouvent déjà discutées au § 6.

Pour les substances insolubles, on peut les consi-dérer comme des impuretés, dans le sens même du mot, vu que leur présence est la conséquence d'une clarification imparfaite de la lessive. Dans ces der-niers temps, depuis qu'on a commencé à essayer la potasse d'après son titre en carbonate de potasse, et de la payer d'après celui-ci, la quantité des substances insolubles a beaucoup diminué dans les potasses du commerce et dans celles destinées aux expéditions lointaines, vu que ces substances ne serviraient qu'à rendre le transport plus cher, sans augmenter la va-leur de la marchandise.

La plupart des sortes de potasses calcinées que nous avons essayées se sont dissoutes presque com-plétement dans l'eau ; les petite flocons qui sont restés pour résidus étaient, pour la plupart, de la silice mêlée à de petites quantités de fer, de manganèse, d'alumine et de chaux.

Parmi toutes les substances qui se rencontrent, dans tous les cas, dans la potasse, il n'y en a pas une seule qui ait une influence quelconque sur les résultats de notre méthode d'essai. Quant aux substances qu'on y trouve plus rarement, il n'y en a que quelques-unes qui méritent d'être prises en considération, savoir : le sulfure de potassium, la potasse caustique et les carbonates des terres alcalines. Nous avons indiqué, dans le chapitre qui traite de la marche de l'essai, comment on peut prévenir d'une manière bien simple ces sources d'erreurs.

§ 12.

2. *Rapports chimiques de la soude.*

De toutes les sortes de soudes qu'on rencontre dans le commerce, la plupart certainement, et même, on peut le dire, presque toutes, dans le moment actuel, sont fabriquées artificiellement plutôt qu'obtenues par l'incinération des plantes. Nous pouvons donc bien passer sous silence les considérations plus détaillées qui regardent les soudes ainsi retirées, d'après la méthode ancienne, des plantes des rivages, et

nous pouvons passer immédiatement aux proportions chimiques de la soude factice.

Les autres combinaisons, ou les impuretés qui,
dans la soude artificielle brute, se rencontrent avec
le carbonate de soude, sont principalement les suivantes :

Sulfate de soude.
Chlorure de sodium.
Sulfure de sodium.
Sulfure de calcium.
Silicate de soude.
Soude caustique.
Hyposulfite de soude.
Chaux.
Carbonate de chaux.
Charbon.

La soude artificielle purifiée, qu'on obtient en lavant
la soude brute et en évaporant la liqueur jusqu'à
siccité, ou en la faisant cristalliser, ne peut renfermer de ces sels et de ces impuretés que les suivantes,
dont la quantité varie naturellement :

Sulfate de soude.
Chlorure de sodium.

Sulfure de sodium.

Silicate de soude.

Soude caustique.

Hyposulfite de soude.

Et elle peut, en outre, contenir du

Sulfite de soude.

D'après la méthode antérieurement usitée, le sul-fure de sodium, le silicate de soude, le sulfite et l'hyposulfite de soude, rendent, ainsi que nous l'avons déjà mentionné plus haut (§ 2), l'essai de la soude plus difficile, ou directement impossible. En suivant notre mode d'essai, on peut, au contraire, se débarrasser de leur influence et celle de la potasse caustique, s'il y en avait, de la manière la plus facile (voyez § 5 et § 16).

B. Marche de l'essai.

(1) *Marche de l'essai pour la potasse.*

§ 13.

Marche ordinaire de l'essai pour la potasse.

1. On porte sur le plateau d'une balance (voyez § 7) une capsule de fer-blanc de cinq centimètres de diamètre environ, et pourvue d'un couvercle peu serré (fig. 5), ou bien un creuset de porcelaine avec

son couvercle ; on charge le même plateau d'un poids
de 10 grammes, et on amène la balance à l'état d'équilibre parfait, en prenant pour contre-poids des grains
de plomb. Il vaut mieux, vers la fin, faire usage de petits bouts de fils de fer, ou de fragments de feuilles
d'étain. Cela fait, on prend des échantillons sur différents points de la potasse
qu'on veut essayer ; on les
triture, ou on les pulvérise
le plus promptement possible dans un mortier bien

Fig. 5.

sec de fer ou de laiton, ou bien on les porphyrise en
une poudre uniforme ; on retire ensuite de la balance
le poids des dix grammes, et on met de la potasse pulvérisée dans le plateau, jusqu'à ce qu'on
ait rétabli parfaitement l'équilibre.

En opérant de cette manière, on a exactement 10
grammes de potasse dans la capsule.

On chauffe alors celle-ci à une bonne lampe à esprit-de-vin, ou sur un fourneau, jusqu'à ce qu'on ait
chassé toute l'eau, c'est-à-dire jusqu'à ce qu'un dis-
que de verre qu'on place au-dessus, ne condense
plus de vapeur aqueuse. Cette opération exige ordinairement cinq minutes. Alors, on couvre la capsule
de son couvercle, on la laisse refroidir, et on la re-

porte aussitôt après dans la balance où se trouve encore la tare primitive ; on la remet sur le même plateau où on l'avait posée primitivement. Le nombre de décigrammes qu'il faut ajouter du côté de la capsule pour rétablir l'équilibre, donne immédiatement la quantité d'eau qui était contenue dans cent parties de la potasse essayée. Pour trouver, d'après cette indication, le dénominateur de la fraction qui doit constituer le système de marque dont nous avons parlé ci-dessus (§ 9), on n'a besoin que de diviser par 10,000 la quantité de résidu qui est restée dans la capsule (quantité qu'on détermine en soustrayant des 10 grammes $= 100$ décigrammes, le poids des décigrammes qu'on a ajoutés pour l'eau expulsée). Un exemple éclaircira cette formule. Supposons que 10 grammes de potasse ont perdu, par la chaleur, 9 décigr. ; il faut diviser $100 - 9$, c'est-à-dire 91 par 10,000 ; et cela d'après cette proportion : si 91 parties de potasse anhydre correspondent à 100 parties renfermant de l'eau, à combien correspondront 100 parties de cette potasse privées d'eau, on a donc :

$$91 : 100 : : 100 : x$$
$$x = 109,8.$$

Le nombre 109,8 devient alors le dénominateur

de la fraction, et celui-ci nous indique que 100 parties de potasse anhydre ont absorbé 9,8 parties d'eau ; que, par conséquent, 109$^{kil.}$,8 de la potasse essayée, n'ont que la même valeur que 100 kilogrammes de la même potasse lorsqu'elle est exempte d'eau.

Toutefois, pour se dispenser de ce calcul, tout simple qu'il est, nous donnons, à la fin de l'ouvrage, une table (Tab. 1) dans laquelle on pourra lire immédiatement les dénominateurs cherchés, qui indiquent directement combien 100 parties de potasse anhydre ont augmenté de poids en parties d'eau, exprimées en centièmes, depuis $\frac{1}{2}$ jusqu'à 99 pour cent.

2. De cette potasse anhydre ainsi obtenue par l'expulsion de l'eau, et aussitôt après qu'on en a noté le poids, on pèse, d'après la méthode que nous venons d'indiquer, 6,29 grammes, dans une petite capsule de verre, de porcelaine ou de fer-blanc, qui soit parfaitement sèche ; on introduit, au moyen d'une carte, l'échantillon dans le flacon A de l'appareil, et on lave la capsule avec de l'eau qu'on verse ensuite dans le flacon ; cela fait, on procède exactement ainsi qu'il a été dit au § 7.

On porte alors l'appareil monté sur l'un des plateaux de la balance ; on met dans l'autre plateau, ou une capsule de porcelaine, ou tout autre vase semblable (une tasse, par exemple), et l'on rétablit l'équilibre avec des grains de plomb. On enlève ensuite les deux corps ainsi pesés, en faisant bien attention sur quel plateau chacun d'eux a été placé ; et quand l'opération est terminée, on les porte de nouveau chacun sur le même plateau, et l'on remplace, par des poids, l'acide carbonique qui s'est dégagé pendant l'opération. Le nombre de centigrammes qu'il faut ajouter à l'appareil pour rétablir l'équilibre, étant divisé par 2, indique directement la quantité, pour cent, de carbonate de potasse anhydre qui était renfermée dans la potasse soumise à l'essai ; ce nombre donne aussi directement le numérateur de la fraction qui sert à marquer le titre.

Supposons donc que 6,29 grammes de potasse ont fait éprouver à l'appareil une perte de poids de 1,60 grammes, ou, ce qui revient au même, qu'ils ont perdu ce poids d'acide carbonique, il s'ensuit que la potasse renferme $\dfrac{160}{2} = 80$ p. 0/0 de carbonate de potasse. Ce serait donc de la potasse marquée $\dfrac{80}{100}$ dans le cas où elle serait exempte d'eau.

§ 14.

Marche modifiée de l'essai, lorsque la potasse renferme certaines impuretés.

Si l'on a quelque raison de croire que la potasse renferme, comme impuretés, du sulfure de potassium, ou de la potasse caustique (on ne peut les supposer que dans les sortes d'Amérique), ou bien qu'elle contient des carbonates de terres alcalines (on n'en rencontre que dans les mauvaises potasses), on s'assurera de la présence ou de l'absence de ces combinaisons par le procédé suivant :

(1) *Manière de reconnaître les carbonates des terres alcalines, et d'écarter leur influence.*

On verse dans un verre, sur un échantillon de la potasse pulvérisée, de l'eau de pluie chaude. Si la potasse se dissout limpidement, ou bien même si elle ne laisse pour résidu que de légers flocons, on peut être certain qu'il y a absence de carbonates terreux alcalins ; si, au contraire, il reste une poudre blanche, on sépare par filtration le précipité qu'on lave avec de l'eau de pluie chaude, jusqu'à ce que les dernières gouttes qui en découlent ne manifestent plus de réaction alcaline ; puis, on verse sur ce résidu de l'acide acétique ou de l'acide chlorhydrique étendu.

S'il y a effervescence, on a la preuve de la présence, ou du carbonate de chaux, ou du carbonate de magnésie. Dans ce cas, il faut verser sur les 6,29 grammes de potasse qu'on a pesés, de l'eau de pluie chaude, filtrer la dissolution, laver le résidu, et porter dans le flacon A la liqueur filtrée qu'on pourra, au besoin, rapprocher un peu par évaporation.

(2) *Essai pour reconnaître le sulfure de potassium.*

On verse, en excès, sur un second échantillon, de l'acide sulfurique étendu. Si le gaz qui se dégage a l'odeur de l'acide sulfhydrique (celle des œufs pourris), c'est une preuve que la potasse renferme un sulfure métallique. Dans ce cas, on ajoute, pour la détermination de l'acide carbonique, du chromate de potasse jaune autant qu'on peut en prendre avec la pointe d'un couteau (voy. §§ 5 et 7).

(3) *Essai pour reconnaître la potasse caustique.*

On verse de l'eau de pluie bouillante sur une partie de la potasse à essayer, et sur trois parties à peu près de chlorure de baryum cristallisé ; on agite jusqu'à ce que la potasse soit décomposée, on filtre un peu de la liqueur, et on l'essaie au moyen du papier de dahlia ou de celui de curcuma. Si le premier verdit, ou si le second brunit, c'est qu'il y a présence d'alcali caustique. Il est, du reste, bien évident que le chlorure de baryum doit être parfaitement neutre, et de plus, qu'il doit être ajouté en excès ; ce dont on s'assurera, quand il y aura doute, en ajoutant à la liqueur filtrée encore un peu de la dissolution de chlorure de baryum qui ne doit donner aucun précipité. Ce mode d'expérimentation, à cause de sa simplicité et de la sécurité qu'il offre, mérite incontestablement la préférence sur tous ceux qui ont été proposés dans le même but. Dans le cas où il y aurait présence de sulfure de potasse, lequel exercerait aussi une réaction alcaline, on peut se dispenser de faire l'essai pour constater la présence de la potasse caustique, on peut être certain qu'il s'en trouve alors toujours.

Pour le cas où il y a des alcalis caustiques en présence, on broie, dans un petit mortier, 6,29 grammes de la potasse privée d'eau qu'on destine à la détermination de l'acide carbonique, avec 3 ou 4 parties de sable quartzeux pur ; on ajoute du carbonate d'ammoniaque pulvérisé, depuis 1/4 jusqu'à 1/3 du poids de la potasse employée ; on met la poudre dans une capsule ; on nettoie le mortier avec du sablon en cas qu'un peu de cette poudre y soit restée adhérente, et on verse goutte à goutte sur la masse autant d'eau

qu'elle peut en absorber ; on laisse reposer un moment, et on chauffe ensuite doucement jusqu'à ce
qu'on ait chassé toute l'eau.

Alors, le résidu ne contient plus une seule trace de
carbonate d'ammoniaque. Quand, indépendamment
de l'alcali caustique, une potasse renferme du sulfure
de potasse, on prend, au lieu d'eau, pour humecter
la masse, de l'esprit de sel d'ammoniaque, afin de
réduire le sesquicarbonate d'ammoniaque, en sel
neutre ; dans le cas contraire, il se dégagerait du
sulfure d'ammonium, et une portion du sulfure de
potassium serait transformée en carbonate de potasse.

Après que la masse est refroidie, on l'enlève de la
capsule, de la manière la plus facile, avec une lame
de couteau, et on l'introduit dans le flacon A ; on lave
la capsule avec un peu d'eau, et l'on procède pour le
reste ainsi qu'il a été dit au § 7.

Le sable sert à empêcher l'adhérence de la masse,
et à prévenir sa décrépitation pendant la dessiccation.
Si on n'en faisait pas usage, non-seulement on devrait opérer avec beaucoup de précaution en faisant
chauffer la masse humide, mais on aurait aussi beaucoup de peine à faire passer la masse desséchée de la
capsule dans l'appareil. Il est inutile de prévenir qu'il
faut que le sable dont on se sert pour cette opéra-

tion, doit être exempt de carbonate terreux, et qu'il ne doit manifester aucune effervescence en le mettant en contact avec un acide.

§ 15.

Essai pour reconnaître la quantité de carbonate alcalin contenue dans les cendres des plantes.

S'il s'agit de déterminer la quantité des carbonates alcalins qui se trouvent dans les cendres brutes des plantes, on doit procéder d'après la marche modifiée, telle qu'elle est indiquée dans le § précédent n° 1. Il faut, en outre, observer que pour la détermination de l'acide carbonique, au lieu d'opérer sur 6,29 grammes, il vaut mieux opérer sur une quantité double, savoir : sur 12,58 grammes, à cause de la moindre quantité de carbonate alcalin qui se trouve dans les cendres. La lessive obtenue est rapprochée par évaporation dans une capsule de porcelaine, jusqu'à ce qu'elle n'occupe plus que le tiers du flacon A. On la verse dans celui-ci, on nettoie bien la capsule, et on procède, pour le reste, comme nous l'avons déjà indiqué. Il est évident que le nombre de centigrammes qu'il faut ajouter dans la balance, pour l'acide carbonique dégagé, ne doit pas maintenant être divisé par 2, mais bien par 4, en se rappelant qu'on a opéré sur une quantité double de substances, afin de trouver la quantité, en centièmes, de carbonate alcalin contenu dans la cendre (calculé comme carbonate de potasse, voyez § 5).

§ 16.

(2) *Marche de l'essai pour la soude.*

1° La détermination de la quantité d'eau se fait exactement de la même manière que pour la potasse, et en opérant sur la même quantité de soude (10 grammes, voy. § 13, n° 1).

2° Après avoir déterminé la quantité d'eau, on pèse 4,84 grammes du résidu, et on procède conformément à ce qui a été indiqué pour la potasse, si ce n'est, toutefois, qu'on ajoute toujours ici ce que la pointe d'un couteau peut contenir de chromate de potasse jaune, ou bien que l'on se sert, au lieu d'eau, d'une solution de chromate de potasse rouge, mêlée avec de l'esprit de sel ammoniac (voy. plus haut §§ 5 et 7). La raison en est que presque toutes les sortes de soudes qui sont obtenues d'après la méthode de Leblanc, contiennent une quantité plus ou moins considérable de sulfite et d'hyposulfite de soude. Il est beaucoup plus rare qu'elles contiennent

du sulfure de sodium. — Le nombre de centigrammes qui correspond à la perte de poids de l'appareil (c'est-à-dire au poids de l'acide carbonique
dégagé), étant divisé par 2, annonce d'une manière
directe, de même que pour la potasse, la quantité,
en centièmes, de carbonate de soude anhydre qui se
trouve contenue dans la soude.

On peut s'assurer, de la manière la plus prompte et
la plus sûre, de la présence de sulfites et d'hyposulfites,
en colorant en jaune rougeâtre, au moyen d'un peu
de chromate de potasse, environ 60 grammes d'acide
sulfurique étendu, et en ajoutant ensuite de la soude
qu'on veut essayer, mais de manière que la liqueur
reste toujours acide. Si la couleur jaune rougeâtre
passe au vert, c'est qu'il y a présence des sels indiqués. Il est vrai que le sulfure de sodium donne lieu
au même changement de couleur ; mais toutes les fois
que le phénomène se présente, on peut regarder
comme une chose plus certaine qu'il provient de
l'hyposulfite de soude. Le sulfure de sodium se trouve
de la manière la plus facile, si l'on humecte la soude
qu'on soumet à l'essai, avec une solution de carbonate (sesquicarbonate) ordinaire d'ammoniaque du
commerce. Si le sulfure de sodium se trouve présent,
il se dégage aussitôt du sulfure d'ammoniaque qu'il

est facile de reconnaître à son odeur désagréable, et à la propriété qu'il possède de noircir le papier imbibé d'une dissolution d'acétate de plomb.

Quand une soude contient de la soude caustique, on en reconnaît la présence de la manière que nous avons décrite au § 14 pour découvrir la potasse caustique dans la potasse. On traite ensuite les 4,84 grammes de soude anhydre, qu'on a pesés pour arriver à la détermination de l'acide carbonique, de la même manière que si l'on procédait avec la potasse, et ainsi que nous l'avons indiqué en nous occupant de celle-ci. Cependant, comme il y a quelquefois des sortes de soudes qui en contiennent une quantité assez considérable, il convient de prendre une quantité de carbonate d'ammoniaque, qui soit au moins égale à la moitié de la quantité de soude qu'on a soumise à l'épreuve. Au reste, le procédé normal demeure exactement le même que celui qui a été modifié en raison de la présence simultanée d'un sulfure alcalin métallique.

Dans le cas où une soude contiendrait des carbonates terreux alcalins, on devrait également suivre la même marche que celle qu'il faut observer pour la potasse dans des circonstances semblables.

Si l'on veut soumettre *de la soude brute* à l'essai,

on verse de l'eau tiède sur la quantité pesée (la plus convenable est de $9,68^{gr} = 2 \times 4^{gr},84$) ; l'on ajoute en assèz grande quantité à la dissolution, un mélange d'esprit de sel ammoniac et de carbonate d'ammoniaque dissous ; on évapore jusqu'à siccité ; on calcine le résidu pour faire disparaître tout le carbonate d'ammoniaque. Cela fait, on dissout le résidu dans de l'eau, on introduit la dissolution, avec du chromate jaune de potasse, dans le flacon A, et l'on opère à la manière ordinaire. Si l'on a soumis à l'esssai $9,68$ grammes de matières, le nombre de centigrammes qu'il aura fallu ajouter pour compenser le poids de l'acide carbonique dégagé, devra être divisé par 4 pour exprimer en centièmes la quantité cherchée.

§ 17.

Procédé pour déterminer l'alcali caustique qui peut être contenu avec le carbonate alcalin, dans la potasse ou dans la soude.

La détermination des quantités de soude ou de potasse caustiques qui peuvent se trouver associées dans la potasse ou dans la soude, avec les carbonates alcalins, n'a pas seulement de l'importance pour le commerce et pour les fabriques, elle en a aussi sous le point de vue de la science. Pour arriver à cette détermination, notre méthode alcalimétrique ordinaire offre le moyen le plus simple.

Suivant qu'on s'occupe de potasse ou de soude, on pèse en deux portions 6,29 ou 4,84 grammes de résidu dont on a chassé l'humidité.

Dans l'une de ces deux portions, on détermine immédiatement l'acide carbonique; dans l'autre, on le détermine après avoir traité l'échantillon par le carbonate d'ammoniaque (§ 14, n° 3 et § 16). On trouve, en centièmes, la quantité de potasse caustique, par la différence qu'on a obtenue dans les poids, et après qu'on a multiplié cette différence par 34,101. Quant à la soude, pour trouver, en centièmes, son titre en soude caustique, il faudra multiplier la différence par 29,38, et cela d'après les proportions suivantes :

(a) Pour la potasse :

275 (équivalent de l'acide carbonique) est à 590 (équivalent de la potasse), comme la différence trouvée dans les deux déterminations de l'acide carbonique est à x.

x est donc égal à cette différence multipliée par $\frac{590}{275}$, c'est-à-dire par 2,145 ;

Et de plus :

6,29 est à 100, comme la quantité trouvée pour x dans la première équation, et qui est renfermée dans 6,29 grammes de potasse caustique, est à x ; x (c'est-à-dire la quantité en centièmes de potasse caustique) est donc égal à x de la première équation multiplié par $\dfrac{100}{6,29}$, c'est-à-dire par 15,898.

L'on obtient donc, de la manière la plus simple, le résultat cherché, si l'on multiplie directement la différence trouvée en acide carbonique par le produit des deux quotients 2,145 et 15,898, c'est-à-dire par 34,101 (nombre indiqué plus haut).

(*b*) Pour la soude :

275 est à 391, comme la différence trouvée est à x,

$x = $ la différence multipliée par $\dfrac{391}{275}$, c'est-à-dire par 1,422.

Et de plus :

4,84 est à 100, comme la soude caustique dans 4,84 (c'est-à-dire x de la première équation) est à x ; x quantité en centièmes de la soude caustique) est donc égal à x de la première équation multiplié par $\dfrac{100}{4,84}$, c'est-à-dire par 20,662.

Le produit des deux quotients 1,422 et 20,662, est donc 29,38 (ou le nombre indiqué ci-dessus).

Supposons, par exemple,

Que 4,84 grammes de soude aient produit directement : acide carbonique 1,60

Que, de plus, 4,84 gr. après le traitement par le carbonate d'ammoniaque, aient donné . . 1,80

____

La différence serait. 0,20

et, par conséquent, la quantité de soude caustique serait égale à 0,20 × 29,38 = 5,88 pour cent.

La soude contiendrait donc sur 100 parties :

80,00 parties de carbonate de soude et 5,88 parties de soude caustique, ou, ce qui revient au même, 90 pour cent de carbonate de soude ; car 5,88 de soude caustique correspondent à 10,00 de carbonate de soude.

On peut aussi déduire la quantité de potasse et de soude caustiques, des deux déterminations de l'acide carbonique, en multipliant la différence par les nombres, en centièmes, qui représentent le carbonate de potasse ou de soude, et qui résultent des quantités trouvées en acide carbonique ; c'est-à-dire, pour la potasse, en multipliant par 0,682 et pour la soude, par 0,5886, d'après les proportions suivantes :

(*a*) Pour la potasse :

. 865 (équivalent du carbonate de potasse) est à 590 (équivalent de la potasse), comme le carbonate de potasse qu'on a trouvé en différence est à x ;

$x =$ la différence du carbonate de potasse multipliée par $\dfrac{590}{865}$, c'est-à-dire par 0,682.

(*b*) Pour la soude :

666 (équivalent du carbonate de soude, est à 391 (équivalent de la soude), comme la différence du carbonate de soude est à x ;

$x =$ la différence du carbonate de soude multipliée par $\dfrac{391}{666}$, c'est-à-dire par 0,5886.

Si nous reprenons l'exemple donné ci-dessus : Nous avons trouvé dans la soude qui n'a pas été traitée par le *carbonate d'ammoniaque*, que la quantité de carbonate de soude était de $\dfrac{160}{2} =$ ...... 80,00 p. 0/0

Et, après le traitement par le carbonate d'ammoniaque, nous avons trouvé $\dfrac{180}{2} =$ ...... 90,00 p. 0/0

Différence ...... 10,00 p. 0/0

Par conséquent, la quantité présente de soude caustique exprimée en centièmes, est égale à $10 \times 0{,}5886 = 5{,}88$ pour cent.

III.

DOCUMENTS ANALYTIQUES.

§ 18.

Afin de mieux justifier encore l'exactitude des résultats qu'on obtient par notre méthode, et pour s'assurer qu'on peut en faire une application générale, en les prenant comme point de départ pour les comparer avec les résultats que donne la méthode de M. Gay-Lussac, et enfin, pour contribuer à la connaissance de la composition des sortes de potasses et de soudes dont on fait le plus d'usage en Allemagne, nous allons exposer ici, comme conclusion, les résultats de quelques déterminations que nous avons faites, et qui pourront, en même temps, servir de types pour la manière de représenter les résultats obtenus d'après notre méthode.

Afin d'avoir des moyens de contrôle pour les résultats obtenus par les diverses méthodes d'essais, nous avons employé, en premier lieu, des mélanges artificiels de soude dont la composition nous était connue de la manière la plus exacte, et en second lieu, nous avons fait usage des sortes de potasses et de soudes qu'on rencontre dans le commerce.

A. Analyses de soudes dont la composition était bien connue.

§ 19.

1° *a*. 4,84 grammes d'un mélange par parties égales, de carbonate de soude anhydre, et de sel de Glauber privé d'eau, ont donné 1,002 acide carbonique.

b. 3,185 gr. du même mélange, ont saturé 57,5 de l'acide sulfurique d'épreuve de Gay-Lussac [1].

c. 3,185 gr. du même mélange, ont saturé, dans un second essai, 58°,4.

2° *a*. 4,84 gr. d'un mélange de deux parties de carbonate de soude et d'une partie de sel de Glauber, ont fourni 1,33 gr. d'acide carbonique.

[1] L'acide sulfurique dont nous nous sommes servis pour les essais, a été titré de la manière la plus exacte par précipitation avec la baryte.

b. 3,185 gr. du même mélange, ont saturé 80° de l'acide sulfurique.

c. 3,185 gr. du même mélange, ont saturé, dans un second essai, 79°,5.

d. 3,185 gr. du même mélange, ont saturé, dans un troisième essai, 79°.

3° 9,68 gr = 4,84 gr. $\times$ 2, d'un mélange d'une partie de carbonate de soude et de trois parties de sel de Glauber, ont produit $0^{gr},997$ d'acide carbonique.

4° *a.* 4,84 gr. de soude cristallisée pure, ont donné $0^{gr},745$ acide carbonique.

b. 4,84 gr. de la même soude, ont donné, dans un deuxième essai, 0,753 acide carbonique.

c. 3,185 gr. ont saturé 46° de la liqueur d'épreuve.

d. 3,185 gr. ont saturé 45° de la même liqueur dans un deuxième essai.

Il y a donc, dans cent parties des combinaisons analysées, en carbonate de soude hanydre :

	D'après notre méthode	D'après. la méthode de M. Gay-Lussac.	D'après le calcul.
1°	50,1	48,9 — 49,7	50,0
2°	66,5	68,1—67,7 — 67,3	66,6
3°	24,9		25,0
4°	37,2 — 37,6 ;	39,1—38,2	37,2

B. Analyses de quelques sortes de potasses du commerce.

§ 20.

Les sortes suivantes de potasses étaient toutes également exemptes de potasse caustique et de carbonate de chaux. Les essais, pour reconnaître ces substances, ont été faits d'après les méthodes indiquées au § 14, 1, 2 et 3.

1° *Potasse de Bohême.*

10 gr. ont perdu par la chaleur, 0,916 gr.

6,29 gr. du résidu privé d'eau, ont donné 1,893 acide carbonique.

4,807 gr. du résidu privé d'eau, ont saturé, d'après la méthode de M. Gay-Lussac, 131° acide sulfurique.

2° *Potasse d'Illyrie, première sorte.*

10 gr. ont perdu, par la chaleur, 0,708 gr.

6,29 gr. du résidu privé d'eau, ont produit 1,918 acide carbonique.

4,807 gr. du résidu privé d'eau, ont saturé 131°,3 acide sulfurique.

3° *Potasse d'Illyrie, deuxième sorte.*

10 gr. ont perdu, par la chaleur, 1,24 gr.

6,29 gr. du résidu calciné, ont donné 1,875 acide carbonique.

4,807 gr. du résidu, ont saturé 131°,3 acide sulfurique.

4° *Potasse de Saxe.*

10 gr. ont perdu, par la chaleur, 0,85 gr.

6,29 gr. du résidu calciné, ont donné 1,225 acide carbonique.

5° *Potasse de Heidelberg de Fries.*

Cette potasse a été prise dans un baril, dans lequel elle avait été tout nouvellement encaissée.

10 gr. ont perdu, par la chaleur, 0,112 gr.

6,29 gr. de cette potasse calcinée, ont donné 1,36 acide carbonique.

4,807 gr. de la même potasse calcinée, ont saturé 111°,2 acide sulfurique de M. Gay-Lussac.

Il y a donc, en carbonate de potasse, dans les potasses anhydres, les quantités suivantes exprimées en centièmes :

<table>
<tr><td></td><td>D'après notre
méthode.</td><td>D'après la méthode
de M. Gay-Lussac.</td></tr>
<tr><td>1°</td><td>94,6</td><td>96,9</td></tr>
<tr><td>2°</td><td>95,9</td><td>96,1</td></tr>
<tr><td>3°</td><td>93,8</td><td>96,1</td></tr>
<tr><td>4°</td><td>61,2</td><td>»</td></tr>
<tr><td>5°</td><td>68,0</td><td>68,9</td></tr>
</table>

Les sortes de potasses essayées devraient donc être marquées ainsi qu'il suit :

D'APRÈS NOTRE MODE D'INDICATION.		D'APRÈS LE MODE D'INDICATION PRÉCÉDENT.	
Marque de la fabrique pour la potasse anhydre.	Marque du commerce pour la potasse hydratée.	Marque de la fabrique pour la potasse anhydre.	Marque du commerce pour la potasse hydratée.
1° $\dfrac{94,6}{100}$	$\dfrac{94,6}{110}$	94,6 0/0	86,0 0/0
2° $\dfrac{95,9}{100}$	$\dfrac{95,9}{107,6}$	95,9 0/0	89,1 0/0
3° $\dfrac{93,8}{100}$	$\dfrac{93,8}{114}$	93,8 0/0	82,2 0/0
4° $\dfrac{61,2}{100}$	$\dfrac{61,2}{109,3}$	61,2 0/0	55,9 0/0
5° $\dfrac{68,0}{100}$	$\dfrac{68,0}{101}$	68,0 0/0	67,3 0/0

C. Analyses de quelques soudes du commerce [1].

§ 21.

1° Soude jaune calcinée de Hollande.

Cette soude se dissout presque entièrement dans l'eau; le résidu jaunâtre, floconneux, était exempt de carbonate de chaux; elle renfermait peu de soude caustique, beaucoup de sulfite et d'hyposulfite de soude, et point du tout de sulfure de sodium.

10,00 gr. ont perdu par la chaleur 1,97 gr.

4,84 gr. du résidu ont donné, après avoir été traités préalablement avec du carbonate d'ammoniaque, 1,670 gr. acide carbonique.

3,185 gr. ont saturé 100°,8 de la liq. d'épreuve.

2° Soude blanche calcinée de Hollande.

Cette soude, traitée avec de l'eau, a laissé, pour résidu, un précipité floconneux exempt de carbonate de chaux ; elle était exempte de soude caustique, de sulfure de sodium, de sulfite et d'hyposulfite de soude.

10,00 gr. ont perdu par la chaleur 0,404 gr.

4,84 gr. du résidu calciné ont produit 0,876 gr. acide carbonique.

---

[1] Les analyses qualitatives ont été faites d'après les méthodes décrites dans le § 16.

3,185 gr. du résidu calciné ont saturé, 54°,1 ; et 3,185 gr. du même résidu calciné ont saturé, dans une deuxième épreuve, 53°,4 de l'acide d'essai de Gay-Lussac.

3° *Soude de Dieuzé.*

Cette soude était très-blanche, et presque entièrement soluble dans l'eau. Elle contenait une assez grande quantité de soude caustique ; elle ne renfermait ni sulfite, ni hyposulfite de soude, ni sulfure de sodium.

10,00 gr. ont perdu par la calcination 0,39.

4,84 gr. du résidu calciné ont produit, après avoir été traités préalablement avec du carbonate d'ammoniaque, 1,62 gr. acide carbonique.

3,185 gr. du résidu calciné ont saturé 93°,1 de la liqueur d'essai de Gay-Lussac.

4° *Soude de Cassel.*

Cette soude était d'un beau blanc, et quand on la traitait avec de l'eau, elle donnait un précipité abondant, blanc, floconneux, exempt de carbonate de chaux ; elle contenait de la soude caustique, du sulfilte et de l'hyposulfite de soude, et ne renfermait pas de sulfure de sodium.

4,84 gr. de cette soude calcinée, après un traitement préalable au carbonate d'ammoniaque, ont produit 1,793 gr. d'acide carbonique.

3,185 gr. de cette soude anhydre ont saturé 108°,4 de la liqueur d'essai de Gay-Lussac.

La même quantité, calcinée préalablement avec du chlorure de potasse, a saturé 106°,8 de cette même liqueur.

5° *Soude anglaise.*

Cette soude avait une couleur grisâtre ; elle se dissolvait dans l'eau en laissant un résidu floconneux exempt de carbonates terreux ; elle contenait beaucoup de soude caustique, du sulfite et de l'hyposulfite de soude, un peu de sulfure de sodium.

4,84 gr. de cette soude anhydre, après un traitement préalable au carbonate d'ammoniaque, ont produit 1,63 gr. d'acide carbonique.

3,185 gr. ont saturé 97°,7 d'acide d'essai.

3,185 gr., calcinés préalablement avec du chlorure de potasse, ont saturé 93°,2 de ce même acide.

6° *Soude blanche calcinée de Buechner et Wilkens, à Darmstadt.*

L'aspect de cette soude était d'un beau blanc ; traitée par l'eau, elle laissait un résidu floconneux, blanc, qui ne contenait pas de carbonate de chaux ; elle était exempte de soude caustique et de sulfure de sodium, et contenait très-peu de sulfite de soude.

4,84 gr. de soude calcinée ont donné 1,830 gr. d'acide carbonique.

Et dans un second essai, 1,835 gr. de ce même acide.

3,185 gr. ont saturé 108°,4 de l'acide d'épreuve de Gay-Lussac.

7° *Soude de Debreczyn.*

Cette soude consistait en morceaux blancs, durs comme de la pierre, et presque entièrement solubles dans l'eau ; elle était exempte de soude caustique, de sulfure de sodium et de sulfite de soude.

10,00 gr. ont perdu 1,34 gr. par la calcination.

4,84 gr. de cette soude, exempte d'eau, ont donné 1,785 d'acide carbonique.

3,185 gr. de cette même soude, exempte d'eau, ont saturé 106°,5 de l'acide d'épreuve.

8° *Soude blanche calcinée, deux fois purifiée, de Wesenfeld et Compagnie, à Barmen.*

Cette soude d'un aspect tout à fait blanc, dont la dissolution est restée limpide, était exempte de sulfite de soude, de soude caustique et de sulfure de sodium. La solution saturée avec de l'acide nitrique pur, se trouble à peine par le nitrate d'argent et par le nitrate de baryte.

10 gr. ont perdu 0,77 gr. par la calcination.

4,84 gr. du résidu calciné ont produit 1,996 gr. d'acide carbonique.

Et, dans un second essai, la même quantité en a produit 1,998 gr.

Il y aura donc, dans toutes ces soudes anhydres en carbonate de soude exprimé en centièmes :

	D'après notre méthode.	D'après la méthode de Gay-Lussac.
1°	83,5	85,7[1]
2°	42,8	46,1 — 45,5
3°	81,0	79,1
4°	89,7	92,1[2] — 90,7[3]
5°	81,5	83,0[4] — 79,2[5]
6°	91,5 — 91,7	92,1
7°	89,2	90,4
8°	99,8 — 99,9	—

On devrait, par conséquent, d'après les résultats

[1] Non calcinée avec le chlorate de potasse.
[2] Non calcinée avec le chlorate de potasse.
[3] Calcinée avec le chlorate de potasse.
[4] Non calcinée avec le chlorate de potasse.
[5] Calcinée avec le chlorate de potasse.

de notre mode d'essai, marquer toutes ces espèces de soudes ainsi qu'il suit :

D'APRÈS NOTRE MODE D'INDICATION.		D'APRÈS LE MODE D'INDICATION PRÉCÉDENT.	
Marque de la fabrique pour la soude anhydre.	Marque du commerce pour la soude hydratée.	Marque de la fabrique pour la soude anhydre.	Marque du commerce pour la soude hydratée.
1° $\dfrac{83,5}{100}$	$\dfrac{83,5}{124}$	83,5 0/0	.67,3 0/0
2° $\dfrac{42,8}{100}$	$\dfrac{42,8}{104}$	42,8 0/0	41,1 0/0
3° $\dfrac{81,0}{100}$	$\dfrac{81,0}{104}$	81,0 0/0	77,8 0|0
4° $\dfrac{89,7}{100}$	—— [1]	89,7 0/0	
5° $\dfrac{81,5}{100}$	——	81,5 0/0	— —
6° $\dfrac{91,5}{100}$ — $\dfrac{91,7}{100}$	——	91,5—91,7 0/0	— —
7° $\dfrac{89,2}{100}$	$\dfrac{89,2}{115,6}$	99,2 0/0	77,2 0/0
8° $\dfrac{99,8}{100}$ — $\dfrac{99,9}{100}$	$\dfrac{99,8}{108}$ — $\dfrac{99,9}{108}$	99,8—99,9 0/0	92,4 — 92,5

[1] Les sortes 4, 5 et 6 étaient depuis longtemps conservées dans des barils qui ne fermaient pas bien ; c'est par cette raison que la détermination de leur quantité d'eau n'offrait pas d'intérêt.

Afin de pouvoir trouver, sans calcul, les quantités de potasse caustique et de soude caustique, qui correspondent aux quantités trouvées de carbonate alcalin, nous avons fait accompagner notre ouvrage de deux tables (Tab. II et III), dans lesquelles on peut lire directement les quantités que l'on cherche ; elles ont été placées, pour plus de commodité, à la fin du volume.

D. Détermination de la soude caustique dans les soudes du commerce.

§ 22.

1° Soude de Dieuzé.

4,84 gr. de cette soude anhydre, traités par le carbonate d'ammoniaque, ont fourni en acide carbonique. . . . . 1,620 gr.

4,84 gr. de la même soude sans carbonate d'ammoniaque en ont fourni . . 1,577 gr.

Différence. . . . . 0,043 gr.

2° Soude de Cassel.

4,84 gr. de cette soude débarrassée de son eau, traités par le carbonate d'am-

moniaque, ont produit en acide carboni-
que. . . . .   1,793 gr.

4,84 gr. de la même soude, sans carbonate d'ammoniaque, ont donné en
acide carbonique. . . . .   1,690 gr.)
4,84 gr. de la même soude ont aussi)
donné . . . .   1,692 gr.)

Moyenne. . . . .   1,691 gr.

Différence . . . .   0,102 gr.

3° *Soude anglaise.*

4,84 gr. de cette soude anhydre, traités par le carbonate d'ammoniaque, ont
donné en acide carbonique. . . . , . .   1,630 gr.

4,84 gr. de la même soude, sans carbonate d'ammoniaque, en ont donné . .   1,536 gr.

Différence . . . . . .   0,094 gr.

Les soudes soumises à l'épreuve contiennent donc,
à l'état anhydre, et en centièmes, savoir :

En carbonate de soude.	En soude caustique.	
1° 78,9.	1,26 = 2,14	carbonate de soude.
2° 84,5.	3,05 = 5,20	» »
3° 76,8.	2,76 = 4,68	» »

CHAPITRE II

ESSAI DES ACIDES POUR DÉTERMINER LEUR VALEUR COMMERCIALE

I.

PARTIE GÉNÉRALE.

---

§ 23.

Acides. — Leur valeur. — Acidimétrie.

Presque tous les acides qui ont quelque importance comme articles de commerce, sont des mélanges d'acide pur et d'eau, en proportions variables ; mais, à circonstances égales, leur valeur varie avec leur degré de concentration ; elle est proportionnelle à la quantité d'acide anhydre. Si l'on veut, par conséquent, déterminer exactement la valeur d'un acide, il faut nécessairement arriver à connaître cette quantité d'acide anhydre.

La solution de ce problème est, dans la plupart des cas, très-facile pour le chimiste ; il précipite l'acide sulfurique avec un sel de baryte ; l'acide chlorhydrique avec du nitrate d'argent, etc., et il calcule, avec une exactitude absolue, la quantité de l'acide soumis à l'essai, au moyen du poids du précipité obtenu.

Mais, outre qu'on ne peut essayer de cette manière, avec une égale exactitude, tous les acides, comme, par exemple, l'acide nitrique et l'acide acétique, ces méthodes ne sont pas applicables dans le commerce ; elles ne donnent satisfaction ni au fabricant, ni à l'industriel, attendu qu'elles sont, d'une part, trop minutieuses et qu'elles demandent trop de temps, et que, d'autre part, elles exigent trop d'habileté dans les manipulations chimiques.

C'est pourquoi on a pensé à d'autres moyens pour faciliter ces essais autant que possible. Les méthodes qu'on a proposées, dans ce but, sont fondées sur des propriétés, soit physiques, soit chimiques de l'acide. Quoiqu'elles soient applicables dans un grand nombre de cas, elles laissent néanmoins beaucoup à désirer, tant sous le rapport de l'exactitude des résultats, que sous le point de vue d'une application générale. On a compris sous le nom d'*acidimétrie* l'ensemble de ces méthodes, et l'on donne particulièrement le nom d'*acétométrie* à l'ensemble de celles qui n'ont rapport qu'à l'essai des vinaigres.

§ 24.

Méthode d'acidimétrie usitée jusqu'ici. — Méthode fondée sur les propriétés physiques. — Méthode chimique.

On emploie le plus souvent, pour la détermination du titre d'un acide, le poids spécifique, parce que celui-ci change proportionnellement avec la concentration de l'acide. Quand on a une fois déterminé le poids spécifique des acides, selon leurs divers degrés de concentration, on n'a plus qu'à consulter ensuite les tables qui ont été dressées pour indiquer le rapport qu'il y a entre le poids spécifique trouvé et la quantité, exprimée en centièmes, d'acide anhydre.

La pratique de cette méthode est aussi simple que son principe : on n'a qu'à plonger l'aréomètre dans le liquide, et qu'à en lire ensuite le résultat. C'est pour cela que l'aréomètre se trouve aujourd'hui entre les mains de tous les fabricants. Tous les marchands s'en servent également pour faire des essais de leurs marchandises. Quoique les résultats n'offrent pas une grande exactitude, vu que la plupart des acides que l'on rencontre dans le commerce sont non-seulement des mélanges d'eau et d'acide pur, mais qu'ils contiennent aussi des sels et d'autres substances qui en changent le poids spécifique, et attendu, de plus, que les mêmes résultats dépendent aussi et de la température et notamment de la bonté de l'instrument, néanmoins, ils suffisent ordinairement aux besoins du commerce lorsqu'il s'agit d'essayer des acides concentrés. Pour ceux-ci, on comprend, en effet, que les inexactitudes qui résultent des sources d'erreurs que nous venons de citer, ont une influence beaucoup moindre sur les résultats que lorsqu'on essaie des acides étendus. Supposons, par exemple, que l'on se trompe de 2 pour cent pour un acide sulfurique qui contient 98 pour cent d'acide anhydre, il en résultera une erreur seulement de 1/49 ; mais pour un acide acétique qui ne contient que 4 pour cent d'acide anhydre, cela fait une erreur de moitié. Ainsi donc, les aréomètres donnent des résultats exacts ou approximatifs avec les acides concentrés ; mais ces résultats sont insuffisants avec les acides qui sont étendus, ou qui renferment des quantités assez considérables de sels. Les aréomètres sont aussi tout à fait inapplicables aux essais des acides étendus qui, comme l'acide acétique, l'acide citrique, etc., tiennent, en même temps, en dissolution, une quantité notable de substances étrangères et organiques.

Pour obvier à ces inconvénients, on a proposé diverses méthodes d'essai qui sont purement chimiques, et qui reposent toutes sur la saturation de l'acide par un alcali dont la proportion employée détermine la quantité d'acide présent. Ces méthodes diffèrent entre elles quant à la manière de conduire l'opération.

D'après les uns, on prépare, comme dans le procédé de l'acide d'épreuve de M. Gay-Lussac (§ 2), une solution titrée d'un alcali (chaux ammoniaque, carbonate de soude), et l'on détermine, en volume, la quantité employée de cette solution, comme on le fait en alcalimétrie ; ou bien l'on pèse une quantité déterminée d'une substance propre à la saturation, et insoluble dans l'eau (ordinairement du spath calcaire pur), et on le met en contact avec l'acide jusqu'à ce que celui-ci soit neutralisé ; ensuite on détermine par la diminution de poids du spath calcaire, la quantité de carbonate de chaux qui a été employée, d'où l'on déduit, par un simple calcul, la proportion de l'acide.

Le premier procédé de cette méthode d'épreuve

présente, en grande partie, les mêmes imperfections que celles que nous avons signalées en parlant des méthodes alcalimétriques de Décroizilles, de Gay-Lussac et d'autres chimistes ; leurs résultats changent avec la température à laquelle on fait l'essai, parce que le volume, tant de l'acide que de la liqueur d'essai, augmente ou diminue avec elle ; les résultats sont chancelants, parce qu'il devient difficile de déterminer , d'une manière constamment exacte, le point de saturation ; ils ne sont pas exacts lorsque la liqueur alcaline d'épreuve n'a pas été préparée avec le plus grand soin, ou lorsque les instruments de mesure ne sont pas parfaitement justes.—L'autre méthode d'essai offre cet inconvénient, que les acides faibles, après une longue digestion avec le spath calcaire, même avec l'emploi de la chaleur, ne se saturent pas complétement, et que le spath calcaire est dissous, non-seulement par l'acide qu'il s'agit de saturer, mais encore par l'acide carbonique qui devient libre ; deux sources d'erreurs qui rendent impossibles des résultats exacts, et qui frapperaient bien plus encore les yeux si l'une de ces sources ne compensait pas en quelque sorte l'autre.

§ 25.

Nouvelle méthode d'acidimètre. — Son principe. —
Appareil et conditions à remplir.

La méthode que nous proposons, pour titrer les acides, est fondée sur un principe tout à fait différent de celui qui a servi à établir toutes celles qui ont été proposées jusqu'ici. Elle repose sur le dosage de l'acide carbonique qui peut être dégagé par une quantité pesée de l'acide qu'on veut essayer ; elle est applicable à la détermination de tous les acides qui décomposent complétement le carbonate de soude ; et il importe peu que ce sel renferme ou non des matières organiques en dissolution ; son application est encore plus simple, s'il est possible, que celle de notre méthode d'alcalimétrie, et son exactitude dans les résultats sera démontrée par des chiffres.

Toutefois, elle présente un inconvénient qui lui est commun avec les autres méthodes acidimétriques, savoir : celui de donner, de même que celles-ci, comme acidé acétique, l'acide sulfurique libre qu'on rencontre souvent dans l'acide acétique ; et comme acide nitrique, l'acide chlorhydrique, etc., qui est contenu dans l'acide nitrique[1] . Il s'entend donc de soi-même, que lorsqu'on ne veut pas s'exposer à faire des erreurs dans ce sens, il faut aussi, dans l'application de notre méthode, commencer par faire les épreuves qualitatives ordinaires sur la pureté des acides qu'on veut essayer.

Pour procéder à la détermination de l'acide carbonique, on se sert du même appareil que celui que nous avons décrit au § 3, et représenté par la fig. 2, c'est-à-dire que celui de l'alcalimétrie. On choisit, pour A, un flacon qui puisse contenir environ 200 grammes d'eau ; qui ait l'ouverture la plus large possible, et qui soit, en même temps, parfaitement arrondie. Indépendamment de cet appareil, on a encore besoin d'un petit tube de verre et de bicarbonate de soude.

---

[1] La falsification du vinaigre par d'autres acides, notamment par l'acide sulfurique, se rencontre aujourd'hui plus rarement qu'autrefois. La plupart des vinaigres, quand ils ont été falsifiés, offrent des traces de sulfates, jamais de l'acide sulfurique libre. La présence des sulfates se constate d'une manière facile, si l'on dissout 60 à 80 gram. du vinaigre soumis à l'essai, avec quelques morceaux de sucre blanc, et si l'on évapore ensuite assez doucement pour que la liqueur n'arrive pas à l'ébullition. Lorsqu'il y a présence de la moindre quantité d'acide sulfurique libre, le résidu se colore en noir foncé aussitôt qu'il commence à se sécher, ce qui n'arrive jamais avec de l'acide acétique pur.

Ce tube de verre (fig. 6) se fait, soit avec un tube plus grand, soit encore plus simplement, en enlevant à la lime la partie inférieure d'un petit cylindre à expériences. Son diamètre doit être tel, qu'il entre facilement dans le col du flacon A. Quant à sa longueur, il faut qu'il puisse être couché horizontalement au fond de ce flacon, et il faut, de plus, que sa capacité soit telle qu'il puisse contenir 4 à 5 grammes de bicarbonate de soude. — Relativement à ce sel, il n'est pas nécessaire qu'il soit absolument pur, c'est à-dire complétement exempt de sulfate de soude et de chlorure de sodium, de même qu'il importe peu qu'il soit sec ou humide. Toutefois, il y a une condition essentielle à remplir, savoir : qu'il soit complétement du bicarbonate de soude, et que, par conséquent, il ne contienne ni du carbonate simple, ni du sesquicarbonate de cette même base. C'est de cette condition que dépendent, et l'exactitude des résultats, et le succès des essais. — Il faut donc, avant de prendre un bicarbonate de soude pour une série d'essais, le soumettre préalablement à une épreuve rigoureuse.

Pour les usages pharmaceutiques, on essaie le bicarbonate de soude, en ajoutant à sa solution une solution de sublimé mercuriel ; si, au moment du contact des deux corps, il ne se manifeste qu'un nuage blanc, on considère le bicarbonate de soude comme pur. Ce mode d'essai n'est pas très-exact, comme on peut s'en convaincre facilement en ajoutant à du bicarbonate de soude un peu de carbonate simple et en essayant ensuite par le sublimé. Si la quantité ajoutée de carbonate simple de potasse n'a pas été un peu considérable, on n'obtient toujours, dès le commencement, qu'un trouble blanc. On ne peut donc compter sur cette réaction, et l'on doit choisir un autre mode d'essai si l'on veut être sûr de ses résultats. Cependant, comme cet essai demande un peu plus de temps, et que l'on doit, autant que possible, en éviter la répétition fréquente, nous recommandons de soumettre préalablement le bicarbonate de soude du commerce à une purification[1].

Dans ce but, on en réduit de 1/2 à un kilo-

[1] Au lieu de sel sodique, on pourrait tout aussi bien prendre du bicarbonate de potasse ; mais le premier doit ses avantages, non-seulement à son prix beaucoup moins élevé (on trouve, dans les prix courants, que le bicarbonate de soude est marqué 1 fr. 20 le kil., tandis que le prix du bicarbonate de potasse est de 4 fr.) ; mais principalement parce que, comparativement au sel potassique, il dégage une quantité plus considérable d'acide carbonique.

gramme en poudre bien uniforme, et on l'éprouve, avant tout, par la méthode de la solution de sublimé, comme nous l'avons indiqué ci-dessus. Dans le cas où, par ce moyen, la liqueur se trouve d'épreuve, on la met dans un verre, dans lequel on verse un volume d'eau de pluie froide égal au sien ; on l'y abandonne pendant vingt-quatre heures en l'agitant souvent ; puis on la porte dans un entonnoir au fond duquel on a placé un peu de coton, et on laisse égoutter la solution, en lavant ensuite, à plusieurs reprises, avec de petites quantités d'eau de pluie froide. Le bicarbonate de soude ainsi traité est ordinairement pur, et propre aux essais acidimétriques.

On le sèche, à l'air, entre des feuilles de papier à filtrer, sans application de chaleur ; et on le conserve pour l'usage dans des vases de verre bien clos. — Si l'on veut encore, ce qui est toujours le plus certain, s'assurer de sa pureté par un essai direct, on en pèse (sans l'avoir préalablement amené à un état déterminé de sécheresse quelconque) deux portions égales (par exemple, 4 grammes pour chaque fois) ; ensuite, on détermine l'acide carbonique, dans l'une de ces portions, par la méthode indiquée en alcalimétrie ($\S$ 7), et on met l'autre partie dans une capsule ou un petit creuset de platine ou de porcelaine ; on la chauffe doucement, jusqu'au rouge, au-dessus d'une lampe à esprit-de-vin ; on pèse ; on enlève le sel ; on prend le poids de la capsule vide ; et on trouve, de cette manière, le poids du résidu. Si la quantité de celui-ci est à la quantité d'acide carbonique, dans le même rapport que 666 est à 550, ou si le rapport trouvé ne s'en éloigne pas beaucoup, le sel est propre à l'objet qu'on se propose ; dans le cas contraire il ne faut pas l'employer. — Si l'on essaie, d'après cette méthode le bicarbonate de potasse, le rapport qu'on obtient du résidu à l'acide carbonique dégagé, doit être comme 865 : 550.

§ 26.

Nouvelle méthode d'acidimétrie. — Son mode
d'exécution.

Le procédé, considéré en lui-même, consiste dans les manipulations suivantes : on pèse, dans le flacon A, d'après la méthode que nous avons donnée ci-dessus (voy. § 7) une quantité déterminée de l'acide [1]

---

[1] Pour peser aisément, et d'une manière précise, une liqueur, on verse goutte à goutte, en soutenant, avec les doigts, le plateau de la

(les quantités les plus convenables pour les différents acides sont indiquées plus bas au § 29), on y ajoute, dans le cas où l'on opère sur des acides concentrés, et suivant le degré de leur concentration de 4 à 8 fois leur quantité d'eau, ou, en général, la proportion d'eau nécessaire pour que le mélange liquide occupe depuis 1/4 jusqu'à 1/3 de la capacité de A. Cela fait, on remplit, presque jusqu'au bord, le petit tube de verre avec du bicarbonate de soude en l'y comprimant avec un petit morceau de bois; on entoure d'un fil de soie le bord de ce tube près de son ouverture, et on fait descendre celui-ci dans le flacon A, qui renferme l'acide à essayer, de manière qu'il s'y tienne verticalement; puis on ferme le flacon avec un bouchon, en faisant en sorte que le fil de soie se trouve pris dans le goulot. L'appareil, du reste, est rempli avec de l'acide sulfurique, et monté comme nous l'avons indiqué précédemment (§ 3). —On le porte alors sur la balance (si le liquide s'est échauffé en mêlant de l'acide concentré avec de

balance dans lequel on dépose le flacon, jusqu'à ce que ce plateau trébuche; et l'on retire l'excédant en plongeant dans le flacon une baguette mince de verre qu'on ramène avec le liquide qui s'y est attaché et qu'on enlève; on répète cette manœuvre jusqu'à ce qu'on ait rétabli l'équilibre.

l'eau, il faut attendre jusqu'à ce qu'il se soit refroidi complétement), on l'amène à l'état d'équilibre (voy. § 13) ; on desserre ensuite le bouchon du flacon A ; on laisse tomber le petit tube, avec le fil de soie, dans l'acide ; et l'on remet alors promptement le bouchon en le forçant suffisamment.

Le dégagement de l'acide carbonique commence aussitôt ; il continue de lui-même, sans interruption et régulièrement, sans qu'on ait besoin de toucher à l'appareil, et jusqu'à ce que l'acide soit complétement neutralisé. On peut cependant accélérer le dégagement du gaz en agitant de temps en temps l'appareil. Quand il ne s'en dégage plus, et que, par conséquent, en agitant le flacon il ne se forme plus de bulles, ce qui ne demande jamais plus d'une heure, même avec les vinaigres les plus faibles, on plonge alors le flacon A, jusqu'au goulot, dans un verre ou dans un petit vase rempli d'eau assez chaude pour qu'on puisse à peine y tenir le doigt, et on l'y retient, ainsi plongé, en l'agitant fréquemment jusqu'à ce que le dégagement du gaz, qui a commencé alors de nouveau, ait complétement cessé. On desserre alors le tampon de cire qui ferme le tube A, afin de prévenir, par-là, la résorption de l'acide sulfurique pendant le refroidissement. On retire ensuite l'appa-

reil du bain d'eau chaude ; on le sèche ; et on procède à une aspiration immédiate, jusqu'à ce que
l'air qu'on soutire n'ait plus la saveur de l'acide
carbonique.

Après que l'appareil a été refroidi et complétement
desséché, on le porte de nouveau sur la balance ;
on place la tare dans l'autre plateau, et on remplace,
par des poids, l'acide carbonique dégagé ; avec
le poids de l'acide carbonique, on trouve par la proportion suivante, la quantité d'acide anhydre qui
était contenue dans celle de l'acide hydraté dont on
s'est servi :

Deux proportions, en poids, d'acide carbonique,
sont à une proportion, en poids, de l'acide anhydre
dont il s'agit, comme la quantité trouvée d'acide
carbonique est à la quantité cherchée d'acide anhydre. Par exemple, si l'on avait essayé de l'acide sulfurique étendu, et que l'on eût trouvé 1,5 grammes d'acide carbonique, on aurait la proportion
que voici :

$$550 \ (= 2 \times 275) : 501 :: \ 1,5 : x$$
$$x = 1,36$$

La quantité pesée de l'acide sulfurique aurait donc
contenu 1,36 grammes d'acide privé d'eau. Suppo-

sons que cette quantité pesée eût été de 15 grammes : alors l'acide sulfurique qui aurait été soumis à l'essai aurait eu, pour la quantité d'acide anhydre exprimée en centièmes, 9,06, car :

$$15 : 1,36 : : 100 : x.$$
$$x = 9,06.$$

Toutefois, pour être dispensé de tout calcul, nous indiquerons plus loin, § 29, les quantités qu'il convient de prendre des divers acides, pour que, du poids de l'acide carbonique, on puisse déduire directement, en centièmes, la quantité d'*acide anhydre contenue* dans l'acide essayé.

Le bicarbonate de soude ne peut être remplacé par du carbonate simple de cette base, attendu que, par la présence de ce dernier, il se formerait un sel de bicarbonate pendant l'opération même, ce qui serait cause qu'on trouverait trop peu d'acide carbonïque, puisque la solution du bicarbonate de soude n'abandonne pas complétement, même par une longue ébullition de la liqueur sa deuxième proportion, en poids, d'acide carbonique. Indépendamment de cette raison, le bicarbonate de soude offre encore cet avantage important que, pour un équivalent d'acide, on obtient toujours deux équivalents d'acide carbonique ; d'où il suit que, avant comme après l'opération, la différence dans le poids de l'appareil est double que celle qu'on aurait obtenue si on eût employé du carbonate simple. Or, c'est là une circonstance qui concourt efficacement à ce que l'opération donne des résultats exacts, puisque toutes les erreurs qui peuvent provenir des pesées se trouvent diminuées de moitié.

L'avantage que présente cette opération, c'est qu'une fois qu'elle a commencé, elle se termine d'elle-même sans qu'il soit besoin d'y prêter plus d'attention. Il est impossible qu'il y ait résorption de l'acide sulfurique, puisque le liquide qui est contenu dans le flacon A, lorsqu'on se sert d'acide étendu, non-seulement ne s'échauffe pas, mais au contraire se refroidit.

Il devient indispensable d'appliquer la chaleur lorsque l'opération est terminée, si l'on ne veut pas s'exposer à trouver, à chaque fois, 25 à 30 milligrammes d'acide carbonique en moins[1].

---

[1] 6,377 grammes d'acide sulfurique étendu ont donné, sans l'application de la chaleur, 1,540 d'acide carbonique ; et après l'avoir appliquée, la quantité d'acide carbonique a été de 1,570. Dans un second essai, 6,377 grammes du même acide sulfurique ont dégagé, de même sans l'intervention de la chaleur, 1,56, et avec elle 1,58 ; en répétant les essais, cette proportion restait à peu près la même.

Il est facile de se convaincre que, par l'emploi de la chaleur et par l'air qu'on a fait traverser à l'aide de l'aspiration, on a expulsé à peu près tout l'acide carbonique de la liqueur contenue en A. Il n'y a qu'à tarer exactement un appareil après l'avoir fait chauffer, et après l'avoir soumis à l'aspiration une première fois ; puis en le chauffant et en l'aspirant une deuxième fois pendant un temps plus ou moins long, on trouvera alors que son poids n'a diminué, en plus ou en moins, que d'une manière à peine sensible. (D'après nos expériencss, cette diminution de poids est restée dans les limites de 1 à 10 milligrammes.) Ce fait démontre, en même temps, qu'une solution de bicarbonate alcalin, telle qu'on peut considérer celle qui reste dans le flacon après l'opération, ne peut plus conserver, par suite même des procédés employés, une quantité appréciable d'acide carbonique. — Toutefois, on ne doit procéder à l'aspiration qu'avec beaucoup de lenteur, attendu qu'en aspirant trop vivement, il s'ensuivrait que de petites gouttes de la solution du bicarbonate alcalin seraient entraînées dans l'acide sulfurique, où elles perdraient leur acide carbonique, d'où il resulterait naturellement aussi une plus grande perte de poids pour l'appareil.

Il y a une chose sur laquelle nous pourrions nous dispenser sans doute d'appeler l'attention, c'est que, pour obtenir la saturation de l'acide, il est nécessaire d'employer un excès du bicarbonate alcalin, et que l'on ne doit considérer les résultats obtenus, comme étant complets, que lorsque, après la fin de l'opération, on s'est convaincu, en introduisant dans le flacon A une petite bande de papier de tournesol, que la liqueur n'a plus de réaction acide. Cette épreuve devient inutile lorsqu'il se trouve encore, dans le petit tube, du bicarbonate non dissous, ce qui arrive ordinairement. Quoiqu'il soit difficile de donner une règle générale sur la quantité d'acide qu'il convient de peser, pour que le bicarbonate de soude soit toujours en quantité plus que suffisante, rien n'est plus facile que de trouver cette proportion, en faisant préalablement une détermination superficielle sur le degré de concentration de l'acide, attendu qu'un excès de bicarbonate de soude ne peut produire aucun effet nuisible. Si, à la fin de l'essai, on trouvait que le papier de tournesol introduit dans le flacon A rougit encore, il faudrait alors remplir un second tube avec du bicarbonate de soude, le tarer tout seul sur le même plateau qui a servi à peser l'appareil, ajouter la tare de ce tube à celle qu'on a obtenue d'abord pour l'appareil ; puis introduire immédiatement le tube dans le flacon **A**. Le reste se fait comme auparavant.

§ 27.

Nouvelle méthode d'acidimétrie. — Son degré d'exactitude.

Pour s'assurer de l'exactitude avec laquelle on peut, d'après notre méthode, déterminer le titre des acides plus ou moins étendus, nous avons préparé un acide chlorhydrique très-étendu, et un acide sulfurique moins étendu, et nous avons déterminé leurs titres à la manière ordinaire, c'est-à-dire avec une solution d'un sel d'argent et une solution de baryte. Le titre de l'acide chlorhydrique était, dans cet essai, de 3,45 pour cent d'acide anhydre ; celui de l'acide sulfurique était de 22,76 pour cent. D'après notre méthode d'acidimétrie, nous avons obtenu les résultats suivants :

1° 16,54 gr. de l'acide chlorhydrique dont s'agit, ont produit 0,69 gr. d'acide carbonique.

2° 15,00 gr. du même acide ont fourni 0,615 acide carbonique.

3° 24,81 gr. du même acide ont fourni 0,977 acide carbonique.

4° 15,00 gr. du même acide ont fourni 0,612 acide carbonique.

De ces essais, on déduit le titre suivant de l'acide, exprimé en centièmes :

Déduit de chlorure d'argent.	Déduit de l'acide carbonique.			
	I	II	III	IV
3,45	3,45	3,39	3,26	3,37

En outre : 1° 5,466 gr. d'acide sulfurique ont fourni 1,345 acide carbonique ,

2° 6,377 gr. d'acide sulfurique ont fourni 1,565 acide carbonique.

3° 6,377 gr. d'acide sulfurique ont fourni 1,570 acide carbonique.

En centièmes :

Déduit du sulfate de baryte.	Déduit de l'acide carbonique.		
	I	II	III
22,76	22,42	22,36	22,43

Il nous a paru de la plus haute importance de mettre entièrement hors de doute l'application de notre méthode d'essai aux acides organiques, attendu que c'est à l'égard de ceux-ci que les méthodes antérieures ont le moins bien rempli leur but. Nous avons choisi , pour nos essais, du vinaigre pur du commerce :

1° 69,54 gr. de vinaigre ont donné 1,317 gr. acide carbonique.

2° 40,00 gr. de vinaigre ont donné 0,755 gr. acide carbonique.

D'où il suit que le titre dudit vinaigre, en vinaigre anhydre, exprimé en centièmes, a été

	Pour I	Pour II
	2,19	2,18
ou en hydrate de vinaigre :		
	2,57	2,56

L'exactitude des nombres trouvés, ressort de l'accord même des résultats qu'on a obtenus avec les quantités différentes de vinaigre qui ont été soumises à l'essai.

Toutefois, quoique rien ne puisse être reproché à ces résultats sous le rapport de leur constance et de leur exactitude, on ne peut disconvenir néanmoins que la détermination de l'acide carbonique par notre méthode acidimétrique ne soit inférieure à celle qui résulte des essais alcalimétriques, attendu que la quantité d'eau ajoutée; — que la concentration qui se fait de l'acide chlorhydrique, — que la durée de l'aspiration, exercent toujours, dans nos essais acidimétriques, une certaine influence, quoique très-bornée, sur la quantité d'acide carbonique obtenue ; tandis que, dans l'alcalimétrie, cette détermination de l'acide carbonique est exempte de toute cause d'erreur. Cependant, l'inconvénient dont il s'agit se trouve heureusement compensé si, ainsi que nous l'avons déjà dit, on prend d'abord, pour chaque équivalent de l'acide qu'on veut essayer, deux équivalents d'acide carbonique ; et de plus, pour les acides étendus, la disposition de notre appareil est telle, qu'on peut prendre, de ces acides, des quantités assez considérable pour que les incertitudes qui peuvent résulter des circonstances signalées, n'aient presque aucune influence sur les résultats, attendu que, pour les vinaigres, par exemple, les variations affectent tout au plus la deuxième décimale. Si, par exemple, en opérant la détermination du vinaigre, nous avions obtenu 0,025 grammes d'acide carbonique en moins (ce qui est un maximum de variation), le résultat n'aurait guère été affecté que de la différence de $\frac{4}{100}$ sur 1 pour cent, c'est-à-dire que nous aurions obtenu 2,15 pour cent de vinaigre anhydre, au lieu de 2,19 pour cent.

§ 28.

Représentation des résultats.

Quant à la manière de marquer les acides dans le commerce, elle repose le plus souvent sur leur poids spécifique , soit qu'on désigne celui-ci directement, soit qu'on indique seulement jusqu'à quel degré un certain aréomètre plonge dans l'acide. Cette manière de marquer, à laquelle on ne saurait refuser une certaine commodité, présente cela de désagréable, qu'on ne peut avoir aucune idée du mélange , ni juger du titre absolu de l'acide, si l'on n'a pas à sa disposition une table dans laquelle le poids spécifique se trouve calculé d'après les proportions en centièmes. De plus, ce mode d'indication n'a de valeur qu'autant qu'on a à faire à des acides d'une certaine concentration , et qu'autant que ceux qui sont dans ce cas ne contiennent pas, outre l'acide pur et de l'eau, d'autres substances étrangères. Les raisons de ces assertions se trouvent déjà discutées au § 23.

Il est plus convenable de marquer les acides en centièmes, soit, d'après leur titre en acide privé d'eau, soit en hydrate d'acide, attendu que, de cette manière, on obtient d'abord une caractéristique absolument exacte, et d'elle-même intelligible, et qu'on peut, de plus, adopter cette manière de marquer pour un acide quelconque, — au lieu que le mode d'indication , d'après le poids spécifique, nous fait complétement défaut à l'égard de plusieurs acides, tels, par exemple, que l'acide acétique.

Quant aux calculs relatifs à la quantité que l'on doit prendre de chaque acide en particulier ($ 29$), nous nous sommes basés sur le titre de l'acide anhydre, pour que l'on pût en déduire, sans calcul, le titre de l'acide hydraté, et le poids spécifique de l'acide pur du même titre. Pour les épreuves de l'acide sulfurique, de l'acide nitrique, de l'acide chlorhydrique et de l'acide acétique, nous avons ajouté à cet ouvrage les tables de réduction (tab. IV – VII) qui les concernent.

II.

PARTIE SPÉCIALE

§ 29.

Indication des quantités que l'on doit employer à l'essai,
pour chaque acide en particulier.

Afin de pouvoir déterminer, sans faire d'équation, par la quantité d'acide carbonique dégagé, celle de l'acide anhydre contenu dans les divers acides qu'on rencontre le plus souvent, nous allons indiquer les proportions qu'il convient de prendre de chaque acide, pour que le nombre de centigrammes qu'il faudra ajouter dans la balance, pour compenser le poids de l'acide carbonique dégagé, donne directement, en centièmes, la quantité d'acide anhydre contenue dans l'acide hydraté soumis à l'essai.

Au lieu des poids indiqués, on peut naturellement tout aussi bien prendre les multiples, suivant que l'exigera le degré de dilution de l'acide qu'on veut essayer. Toutefois, pour que le nombre des centigrammes corresponde alors à des quantités exprimées en centièmes, il devra être divisé par le nombre même par lequel on aura multiplié les unités.

(Nous allons indiquer immédiatement les nombres en question).

Ces nombres s'obtiennent en divisant 550 ($= 2 \times$ 275 [équivalent de l'acide carbonique]) par le poids atomique de l'acide soumis à l'essai, d'après la proportion suivante :

Si deux équivalents d'acide carbonique correspondent à un équivalent de l'acide dont on veut trouver le nombre, combien faut-il prendre de ce dernier pour que l'acide carbonique soit égal à 1,00 gr.?

Ainsi, par exemple, pour trouver l'unité du nombre qui convient à l'acide sulfurique, il faudra poser cette proportion :

$$550 : 501 :: 1,00 : x$$
$$x = 0,91.$$

Afin d'avoir un point de départ pour les multiples de l'unité qu'il conviendra d'employer dans les essais, nous ferons d'abord remarquer qu'il est très-convenable de disposer l'essai de telle manière que l'acide carbonique dégagé s'élève, en poids, à 1 ou 2 gr.

1° *Acide sulfurique.*

L'*unité* de poids à prendre pour cet acide est 0,91 gr. (Le chiffre exact est 0,911gr. ; mais on peut supprimer la troisième décimale sans que le résultat en soit affecté d'une manière appréciable).

Multiples : 2 × 0,911   =   1, 822 grammes.

$$
\begin{array}{rcll}
3 \times & \text{»} & = & 2,\,733 \quad \text{»} \\
4 \times & \text{»} & = & 3,\,644 \quad \text{»} \\
5 \times & \text{»} & = & 4,\,555 \quad \text{»} \\
6 \times & \text{»} & = & 5,\,466 \quad \text{»} \\
7 \times & \text{»} & = & 6,\,377 \quad \text{»} \\
8 \times & \text{»} & = & 7,\,288 \quad \text{»} \\
9 \times & \text{»} & = & 8,\,199 \quad \text{»} \\
10 \times & \text{»} & = & 9,\,110 \quad \text{»} \\
15 \times & \text{»} & = & 13,\,665 \quad \text{»}
\end{array}
$$

Au moyen de ces multiples, on peut trouver, sans calcul, tous ceux dont on peut avoir besoin, puisque dans le cas où un acide serait déjà trop faible pour que quinze fois son poids ne suffit pas encore pour fournir la quantité nécessaire d'acide carbonique, on peut alors faire usage des multiples 20, 30, 40, etc., nombres qu'on obtient en multipliant le premier par 2, 3, 4, etc., et en avançant, dans le produit, la virgule d'un rang vers là droite.

Quand on considère que la quantité d'acide sulfuridue anhydre est presque la même, en poids, que celle de l'acide carbonique qu'elle chasse du bicarbonate (0,91 acide sulfurique donnent 1,00 acide carbonique), on voit aussitôt quels sont les multiples qui conviennent le mieux aux divers degrés de dilution de l'acide sulfurique, pour que la proportion d'acide carbonique qui doit en résulter, se trouve dans les limites indiquéés ci-dessus (c'est-à-dire de 1 à 2 gr.)

Ainsi, avec de l'acide sulfurique ordinaîre anglais, il serait le plus convénable de prendre le multiple 2 ; et, pour l'acide étendu officinal (égal à 1 d'acide pour 5 d'eau), il faudrait prendre, à peu près, le multiple 10.

2° Acide azotique.

L'unité de poids à prendre pour cet acide est 1, 23 (exactement 1, 231).

$$
\begin{array}{llll}
\text{Multiples :} & 2 \times 1,231 & = & 2, 46 \text{ grammes.} \\
& 3 \times \quad » & = & 3, 69 \quad » \\
& 4 \times \quad » & = & 4, 92 \quad » \\
& 5 \times \quad » & = & 6, 15 \quad » \\
& 6 \times \quad » & = & 7, 39 \quad » \\
& 7 \times \quad » & = & 8, 62 \quad » \\
& 8 \times \quad » & = & 9, 85 \quad » \\
& 9 \times \quad » & = & 11, 08 \quad » \\
& 10 \times \quad » & = & 12, 31 \quad » \\
& 15 \times \quad » & = & 18, 46 \quad » \\
\end{array}
$$

3º *Acide chlorhydrique.*

L'unité de poids à prendre est 0,83 (exactement 0,827).

Multiples : 2 × 0,827 = 1,654 grammes.
3 × » = 2,481 »
4 × » = 3,308 »
5 × » = 4,135 »
6 × » = 4,962 »
7 × » = 5,789 »
8 × » = 6,616 »
9 × » = 7,443 »
10 × » = 8,270 »
15 × » = 12,355 »

4º *Acide citrique.*

L'unité de poids à prendre est 1,32 (exactement 1,318).

Multiples : 2 × 1,318 = 2, 636 grammes.
3 × » = 3, 954 »
4 × » = 5, 272 »
5 × » = 6, 590 »
6 × » = 7, 908 »
7 × » = 9, 226 »
8 × » = 10, 544 »
9 × » = 11, 862 »
10 × » = 13, 180 »
15 × » = 19, 770 »

5° *Acide tartrique.*

L'unité de poids à prendre est 1,5 (exactement 1, 498)

Multiples : $2 \times 1,498 = 2,996$ grammes.

$3 \times$ »	$=$	4, 494	»
$4 \times$ »	$=$	5, 992	»
$5 \times$ »	$=$	7, 490	»
$6 \times$ »	$=$	8, 988	»
$7 \times$ »	$=$	10, 486	»
$8 \times$ »	$=$	11, 984	»
$9 \times$ »	$=$	13, 482	»
$10 \times$ »	$=$	14, 980	»
$15 \times$ »	$=$	22, 470	»

6° *Acide acétique.*

L'unité de poids à prendre est 1,16 (exactement 1,159).

Multiples : $2 \times 1,159 = 2,318$ grammes.

$3 \times$ »	$=$	3,477	»
$4 \times$ »	$=$	4,636	»
$5 \times$ »	$=$	5,795	»
$6 \times$ »	$=$	6,954	»
$7 \times$ »	$=$	8,113	»
$8 \times$ »	$=$	9,272	»
$9 \times$ »	$=$	10,431	»
$10 \times$ »	$=$	11,600	»
$15 \times$ »	$=$	17,395	»

Comme le titre des vinaigres qu'on trouve dans le commerce reste à peu près le même, nous pouvons assigner, à leur égard, une quantité normale à prendre, moins indéfinie que pour les autres acides ; ainsi, le multiple 60 pour les vinaigres forts, et le multiple 100 pour les vinaigres faibles, conviendront généralement pour produire une proportion suffisante d'acide carbonique.

CHAPITRE III

ESSAI DES MANGANÈSES POUR EN CONNAITRE LA VALEUR COMMERCIALE

§ 30.

Du manganèse. — Son acception. — Son emploi.
Sa valeur.

On désigne sous le nom de manganèse, dans l'acception réelle du mot, la *pyrolusite* des minéralogistes, qu'on trouve en assez grande abondance en filons ou par nids, le plus ordinairement dans le porphyre accompagné de spath de baryte, ou bien dans les schistes argileux et dans les filons et les gisements de fer. Considéré sous le rapport de sa composition chimique, c'est un peroxyle de manganèse. Mais dans une acception plus ordinaire et plus vague, on appelle manganèse des mélanges de pyrolusite avec d'autres oxydes manganésiques naturels joints à leurs gangues, et qui sont vendus tels qu'on les retire de la mine.

Les arts chimiques font du manganèse un usage très-fréquent et très-étendu. On l'emploie d'abord pour la préparation des pierres artificielles de couleur améthyste ; pour la peinture sur porcelaine et pour celle sur grès ; pour l'émail des poteries, etc. Toutefois, l'application la plus importante qui se fasse du manganèse, est celle qui a pour objet la préparation manufacturière de l'oxygène et du chlore. — Dans les premières applications dont nous venons de parler, le manganèse agit comme *minerai*, dans la dernière, c'est comme *source d'oxygène*. Dans le premier cas, sa valeur dépend donc de la quantité réelle de manganèse qui se trouve dans un poids donné ; et dans l'autre, de la quantité d'oxygène disponible qu'il renferme. — La valeur du manganèse, pris comme tel, pour la consommation des fabriques qui l'appliquent à l'état de minerai, est trop peu importante pour qu'il vaille la peine de chercher, pour son appréciation, un mode particulier d'essai chimique, et cela d'autant moins que, d'après son aspect extérieur et quelques indices purement minéralogiques, on peut faire cette appréciation d'une manière suffisante. Mais il n'en est pas de même lorsqu'il s'agit d'employer le manganèse comme substance propre à la préparation du chlore, attendu que, sous ce rapport, sa valeur est variable, et peut être extrêmement différente, et qu'en raison de son énorme consommation, une appréciation exacte de cette valeur devient de la plus haute importance pour le commerce et l'industrie. Cette connaissance ne peut s'obtenir uniquement que par des moyens chimiques ; l'aspect, la rayure, etc., ne peuvent fournir que des données très-insuffisantes, d'autant plus que le manganèse qui est versé dans le commerce, se trouve déjà moulu, ou qu'on ne l'y trouve qu'en morceaux plus ou moins distinctement cristallisés.

Pour obtenir du chlore au moyen du manganèse, on chauffe celui-ci avec de l'acide chlorhydrique, ou, ce qui revient au même, avec du sel marin et de l'acide sulfurique étendu ; par ce mode de traitement, on obtient, pour résultat, du chlore et du protochlorure de manganèse, ou du protosulfate de manganèse.

Si l'on prend du protoxyde de manganèse, c'est-à-dire du manganèse dans son moindre degré d'oxydation, et qu'on le traite par de l'acide chlorhydrique, ou par de l'acide sulfurique, on n'obtient ni chlore ni oxygène ; le protoxyde de manganèse, dans cet état, se combine directement avec les acides, et forme également avec eux du protochlorure ou du protosulfate de manganèse. Il faut donc, si l'on doit obtenir du chlore, qu'il y ait en présence une quantité d'oxygène plus considérable que celle qui correspond au protoxyde de manganèse. C'est ce surplus d'oxygène qui, dans le traitement du manganèse par l'acide sulfurique, se dégage en oxygène lequel, par son contact avec l'acide chlorhydrique, met en liberté un équivalent correspondant de chlore ; c'est pourquoi on appelle cette quantité d'oxygène qui se dégage, l'oxygène disponible du manganèse. — Or, c'est précisément cet oxygène disponible que le fabricant de chlore prétend acheter, et c'est sa proportion qui détermine, pour lui, la valeur du manganèse.

Cependant, outre cela, il y a encore une autre circonstance qu'il faut prendre en considération.

Si l'on prend deux parties égales de pyrolusite pure, et qu'on en mêle une avec un poids égal de peroxyde de fer, d'alumine ou de chaux, et que, d'un autre côté, on mêle l'autre partie avec une pareille quantité, en poids, de spath pesant ou d'autres substances qui ne sont pas décomposées par l'acide chlorhydrique, il est évident qu'on trouvera, dans ce double essai, le manganèse comme étant de même valeur quant à la quantité d'oxygène disponible. Si l'on compare toutefois les quantités d'acide chlorhydrique qui ont été nécessaires pour mettre cet oxygène en action, c'est-à-dire pour dégager une quantité correspondante de chlore, on trouve que les quantités d'acide sont très-disproportionnées ; qu'il en a été beaucoup moins consommé avec le mélange du spath pesant, qu'avec celui du peroxyde de fer, d'alumine et de chaux, par la raison que dans ce dernier cas, il s'en est combiné une partie considérable avec ces oxydes sans produire d'autre effet, ce qui constitue par conséquent une dépense inutile

Ainsi, la valeur du manganèse dépend aussi de la plus ou moins grande quantité d'acide nécessaire pour le décomposer.

Cette dernière considération, dans la détermination de la valeur du manganèse, forme un nouveau point d'arrêt qui est venu, dans ces derniers temps, s'ajouter à celui dont nous venons de parler. Toutefois, il n'a pas la même importance, vu que, dans la fabrication de la soude, on obtient de l'acide chlorhydrique en si énorme quantité que, pendant longtemps, on n'a songé à en tirer aucun profit, et qu'aujourd'hui même il est à très-bas prix dans les lieux où on le prépare, et où on en emploie ordinairement la majeure partie à la préparation directe du chlore. Il faut ajouter à cela que, dans des essais qualitatifs par réaction (essais qu'on fait avec la chaux, l'alumine, le fer), on peut déjà, soit à l'aspect, soit par quelques autres indices minéralogiques, trouver des données pour établir un certain jugement sur ce point.

Nous allons dans les pages suivantes, nous occuper d'abord de l'essai du manganèse sous le rapport de son oxygène disponible ; nous parlerons ensuite de la méthode par laquelle on peut déterminer la quantité d'acide nécessaire pour la décomposition complète du manganèse.

§ 31.

Méthode actuelle d'essai pour déterminer, dans le manganèse, la quantité de son oxygène disponible.

Les nombreuses méthodes qui ont été proposées jusqu'à présent pour atteindre le but en question, peuvent être rangées sous trois catégories. Celles de la première catégorie reposent sur la quantité de chlore qui se dégage du manganèse au moyen de l'acide chlorhydrique ; celles de la deuxième, sur la quantité d'acide carbonique qui se dégage lorsqu'on met le manganèse en contact avec de l'acide oxalique, ou avec de l'acide oxalique et de l'acide sulfurique ; enfin, la troisième méthode se fonde sur la détermination de l'oxygène qu'on dégage par la calcination.

Les méthodes qui appartiennent à la première catégorie ont donné jusqu'ici les résultats les plus rigoureux, et ce sont celles qui sont le plus souvent appliquées ; elles ne diffèrent entre elles que par la manière de déterminer la quantité de chlore qui est mise en liberté. MM. Turner, Otto et Levol se servent, dans ce but, de sels à base de protoxyde de fer ; M. Duflos l'a déterminée par la quantité d'acide sulfurique qui se forme, au moyen du chlore, dans un liquide contenant de l'acide sulfureux. M. Zenneck détermine le chlore en volume, ou bien il mesure la quantité d'azote que dégage le chlore conduit dans un liquide ammoniacal ; enfin, M. Gay-Lussac conduit le chlore dégagé dans un lait de chaux, et détermine, par un procédé chlorométrique, la quantité de sous-chloryte de chaux qui s'est formée, au moyen d'une dissolution d'acide arsénieux dans l'acide chlorhydrique, ou bien au moyen du ferrocyanate de potasse, ou du proto-nitrate de mercure. Sans entrer ici dans aucune discussion critique, nous ferons remarquer que la méthode de M. Otto et celle de M. Gay-Lussac sont celles dont on se sert le plus souvent.

C'est dans la deuxième catégorie que rentre la méthode que nous pratiquons nous-mêmes ; nous déterminons, avec MM. Berthier et Thomson, l'acide carbonique qui se dégage de l'acide oxalique.

M. Berthier fait bouillir une quantité pesée de manganèse pulvérisé, avec une quantité quintuple d'acide oxalique ; il conduit l'acide carbonique qui se dégage, dans de l'eau de baryte ; et par le carbonate de baryte qui se précipite, il calcule la quantité d'oxygène disponible. Quoique cette méthode donne de bons résultats, elle est moins propre aux applications pratiques, vu qu'elle demande non-seulement une dépense de temps assez considérable, mais encore assez d'habileté dans les manipulations chimiques.

M. Thomson met le manganèse pulvérisé et pesé dans un flacon qu'il faut tarer, et dont le goulot est étroit ; il ajoute des quantités pesées d'eau et d'acide oxalique, et enfin, une quantité d'acide sulfurique dont il a pris pareillement le poids. Après le dégagement complet de l'acide carbonique (c'est-à-dire après vingt-quatre heures), on pèse le flacon ; ce qu'il pèse en moins de la somme des poids du flacon vide, de l'eau, de l'acide oxalique, du manganèse et de l'acide sulfurique, exprime la quantité d'acide carbonique qui s'est dégagée, d'où l'on peut déduire d'une manière facile le titre du manganèse. — Ce mode d'essai nécessite d'abord un grand nombre de pesées ; en outre, il est impossible qu'il donne des résultats suffisants, attendu qu'il se perd, avec l'acide carbonique, une quantité assez notable d'eau.

Pour comprendre ce qui se passe, quand on procède par les méthodes que nous venons de citer en dernier lieu, il faut se rappeler que la composition de l'acide oxalique est comme suit :

2 équivalents de carbone ;
3 équivalents d'oxygène.

On peut admettre que le peroxyde de manganèse est composé de :

1 équivalent de protoxyde de manganèse et de
1 équivalent d'oxygène.

Par l'action simultanée de l'acide sulfurique et de l'acide oxalique sur le peroxyde de manganèse, il résulte du proto-sulfate de manganèse, tandis que 1 équivalent d'oxygène est séparé. Cet oxygène séparé s'ajoute aux 3 équivalents d'oxygène de l'acide oxalique, et convertit celui-ci en acide carbonique, car 2 équivalents de carbone et $3 + 1 = 4$ d'oxygène sont égaux à 2 équivalents d'acide carbonique.

L'idée d'appliquer cette décomposition à l'essai du manganèse était extrèmement ingénieuse, et si les méthodes qui en sont résultées n'ont pas complétement répondu à leur but, le défaut ne vient certainement pas du principe, mais seulement de la manière de l'appliquer.

Après avoir reconnu l'exactitude du fait, et après avoir construit notre appareil tel que nous l'avons décrit au § 3 de notre alcalimétrie, et tel qu'il est représenté fig. 2, nous nous sommes trouvés tout préparés pour faire l'application du principe dont s'agit, de manière à nous mettre à l'abri de tous les reproches que l'on peut faire à la manière d'opérer de Thomson. Voici la nôtre.

§ 32.

Nouveau mode d'essai du manganèse, pour en déterminer la quantité d'oxygène disponible.

On introduit dans le flacon A de notre appareil (fig. 2, page 18) un poids de manganèse réduit en poudre fine ; on y ajoute deux parties et demie, ou un

peu plus, d'oxalate neutre de potasse (qu'on obtient
aisément en saturant de l'acide oxalique ordinaire
avec du carbonate de potasse, en évaporant et en faisant cristalliser) ; on pulvérise également cet oxalate ;
ou bien encore on emploie deux parties d'oxalate
neutre de soude, et on ajoute la quantité d'eau nécessaire pour que le flacon se trouve rempli à peu près
jusqu'au tiers. Pour le reste, on monte l'appareil exactement de la manière qui a été décrite dans le § 3. On
met ensuite le bouchon au flacon A ; on tare l'appareil, ainsi qu'il a été indiqué pour les essais alcalimétriques ; on aspire un peu d'acide sulfurique qui passe
du flacon B dans le flacon A ; aussitôt commence le
dégagement de l'acide carbonique, qui s'opère, non
par secousse, mais très-uniformément. Quand ce
dégagement se ralentit, on aspire de nouveau de l'a-
cide sulfurique, et l'on continue de cette manière
jusqu'à ce que tout le manganèse soit décomposé,
ce qui exige de 5 à 10 minutes , sans qu'il soit
nécessaire de surveiller continuellement l'opération.

Lorsque le manganèse a été pulvérisé un peu fine-
ment, la décomposition s'opère d'une manière facile
et complète. On s'aperçoit qu'elle est terminée, non-
seulement lorsqu'il n'y a plus de dégagement d'acide
carbonique en présence d'un excès d'acide sulfurique,

mais encore lorsqu'il n'y a plus de poudre *noire* au fond du flacon. A la fin, on aspire un peu plus d'acide sulfurique, afin que la liqueur du flacon A s'échauffe fortement, et que l'acide carbonique qu'elle retient encore absorbé, se trouve, par ce moyen, chassé complétement. Cela fait, on desserre le bouchon de cire du tube *a ;* on aspire l'air atmosphérique, pour lui faire traverser l'appareil jusqu'à ce que cet air n'ait plus la saveur de l'acide carbonique ; on fait refroidir l'appareil ; et on le pèse. Toute l'opération peut facilement être terminée en un quart d'heure. Par la perte de poids de l'appareil (perte due à l'acide carbonique dégagé), on obtient la quantité d'oxygène qui se trouve disponible dans le manganèse, ou, ce qui revient au même (voy. § 35), la quantité de peroxyde de manganèse qu'il renferme, en faisant la proportion suivante :

Deux équivalents d'acide carbonique sont à 1 équivalent de peroxyde de manganèse, comme la quantité d'acide carbonique trouvée est à x ; x est alors la quantité de peroxyde de manganèse qui se trouve contenue dans la quantité de manganèse employée.

Supposons que nous ayons pris 4 gr. de manganèse, et que nous en ayons obtenu 3,5 gr. d'acide carbonique, il nous faudra, par conséquent, poser ainsi la proportion :

$$550 : 546 :: 3{,}50 : x$$
$$x = 3{,}47.$$

D'où il suivra que 4 gr. de manganèse auront contenu 3,47 gr. de peroxyde, ou 86,7 parties sur 100.

Toutefois, pour se dispenser de ce calcul, il suffit d'examiner quelle quantité de manganèse on doit prendre, pour que le nombre de centigrammes d'acide carbonique qu'on a obtenu, indique directement, en centièmes, la quantité cherchée de peroxyde de manganèse. Pour cela, nous devons poser cette proportion :

$$550 : 546 :: 100 : x$$
$$x = 0{,}993.$$

Si l'on prenait donc 0,993 gr. de manganèse pour les soumettre à l'essai, les centigrammes d'acide carbonique dégagés exprimeraient immédiatement la valeur du manganèse en centièmes pour le peroxyde. Mais de cette manière, on obtiendrait une trop faible quantité d'acide carbonique pour que l'on pût en faire une pesée exacte. Il est donc préférable de prendre un multiple de cette unité, et de diviser

ensuite le nombre de centigrammes d'acide carbonique obtenu, par le nombre même qui a servi à
multiplier cette unité. Le multiple qui nous a paru
le plus convenable est celui de 3 ou de 2,98 gr.

Dans le cas où l'on aurait affaire à des manganèses
qui contiendraient des carbonates de terres alcalines,
comme on en trouve dans quelques gisements, notre manière de procéder devrait subir une manipulation préalable. Alors, les manganèses que l'on ne
connaît pas encore, sous ce rapport, doivent être
seulement pulvérisés ; on verse ensuite, par dessus,
de l'acide nitrique étendu, afin de mettre en évidence la présence ou l'absence du carbonate de chaux
ou de baryte ; la présence de ces sels est démontrée
s'il y a effervescence ; si, au contraire, l'effervescence n'a pas lieu, c'est que ces sels n'y existent pas.
Dans le premier cas, voici comment on procède :

On pèse, comme à l'ordinaire, la quantité prescrite de manganèse (2,98 gr.) , on l'introduit dans
le flacon A ; puis on verse, par dessus, de l'acide
nitrique très-étendu (composé d'une partie d'acide
et de vingt parties d'eau) , et on abandonne le mélange à lui-même pendant quelques minutes. Après
cela, on décante la liqueur qui surnage, et on la
verse sur un petit filtre de papier ; puis on ajoute au

manganèse resté dans le flacon deux ou trois fois son volume d'eau, et on lave, avec cette même eau, celui qui se trouve déjà sur le filtre, et qui y a été apporté par la liqueur ; dans cet état, on jette le filtre, ainsi que les parties adhérentes de manganèse, dans le flacon, en prenant la précaution qu'il n'y en ait pas de perdu ; et, pour le reste, on procède comme à l'ordinaire.

L'emploi de l'acide oxalique libre, ou du sel oxalique ordinaire, ne mérite pas la préférence sur celui de l'oxalate neutre de potasse, puisque, avec ce dernier, le dégagement de l'acide carbonique ne commence pas avant qu'on ait aspiré l'acide sulfurique ; au lieu que l'acide oxalique libre, ou le bioxalate de potasse, donnent lieu à un commencement de dégagement d'acide carbonique aussitôt qu'ils sont mis en contact avec du manganèse et de l'eau ; d'où il suit que l'exactitude des résultats s'en trouve affectée, et qu'il devient nécessaire de peser promptement l'appareil [1].

[1] Si, quand on emploie de l'oxalate de potasse, on n'aspire pas, tout d'une fois, trop d'acide sulfurique, le contenu du flacon A se colore toujours, au commencement, d'un beau rouge pourpré, ce qui résulte de la formation d'une certaine quantité d'hypermanganésiate de potasse; mais l'acide sulfurique ajouté en excès détruit naturellement ce sel, et par conséquent aussi sa couleur.

§ 33.

Analyses faites d'après la nouvelle méthode.

En donnant les résultats qui suivent, de nos analyses, nous ne pouvons dire que nous voulons, par là, démontrer l'exactitude de notre méthode, attendu qu'une telle preuve ne pourrait se faire, qu'autant que l'on pourrait déterminer infailliblement le titre du manganèse d'après une autre manière d'opérer. Cependant, puisque aucune des autres méthodes connues, ne paraît aussi complétement exempte de toute source d'erreurs que la nôtre, il est évident que lors même qu'il n'existerait pas un accord complet entre nos résultats, et ceux qui seraient obtenus d'après une autre méthode, ce serait seulement à celle-ci qu'il faudrait attribuer l'erreur :

1° Pyrolusite d'Ilmenau, en beaux cristaux, première quatité ; 2,98 gr. ont donné 2,87 gr. d'acide carbonique.

2° Pyrolusite d'Ilmenau, parfaitement cristallisée, deuxème qualité ; 2,98 gr. ont donné 2,90 gr. d'acide carbonique.

3° Pyrolusite d'Ilmenau, deuxième essai tiré du même morceau, mais dont l'échantillon a été cassé d'un autre côté ; 3,972 gr. ont donné 3,841 gr. d'acide carbonique.

4° Pyrolusite d'Iléfeld ; 3,972 gr. ont produit 3,80 gr. d'acide carbonique.

5° Manganèse de Giessen, première quatité [1] :

a. 2,98 gr. ont fourni 2,905 gr. d'acide carbon.

b. 2,98   —   2,892   —

6° Manganèse de Giessen, deuxème qualité ; 2,98 gr. ont donné 2,462 gr. d'acide carbonique.

7° Manganèse de Giessen, tiré d'un autre morceau bien cristalisé ;

a. 2,98 gr. ont donné 2,788 gr. d'acide carbon.

b. 1,986   —   1,849   —

c. 3,972   —   3,714   —

Tableau comparatif des résultats exprimés en centièmes.

D'après notre méthode.	D'après la méthode de M. Gay-Lussac [2].
1° 95,7.	—
2° 96,6.	—
3° 96,0.	—
4° 95,0.	—
5° 96,8 — 96,4	97,1

[1] Les pyrolusites de Giessen qui ont été soumises à l'essai proviennent toutes de la mine de M. Briel, avocat à la cour supérieure de justice.

[2] Les déterminations d'après la méthode de M. Gay-Lussac, ont été faites par M. le docteur Ettling.

<table>
<tr><td>d'après notre méthode.</td><td>D'après la méthode
de M. Gay-Lussac.</td></tr>
<tr><td>6° 82,1. . . . .</td><td>82,6</td></tr>
<tr><td>7° 92,9 — 92,4 — 92,8 . . .</td><td>—</td></tr>
</table>

§ 34.

Essai des manganèses, en ayant égard, en même temps, à la quantité d'acide nécessaire pour leur complète décomposition.

Relativement à la consommation de l'acide, dans la préparation du chlore, nous avons discuté ci-dessus, § 30, qu'il n'était pas indifférent que les minerais qui, dans les manganèses ordinaires, se trouvent mélangés avec le peroxyde de manganèse, le fussent d'une manière plutôt que d'une autre. — Nous avons fait observer que l'alumine, le fer, la chaux, de même que le manganèse à de moindres degrés d'oxydation, exigent une plus grande dépense d'acide ; tandis que le spath pesant et les autres substances insolubles dans les acides, ne donnent lieu à aucune perte de ce genre.

Si donc on désire, en outre, faire connaître un manganèse sous le rapport dont il s'agit ici, on atteindra le but avec une sécurité parfaite, indépendamment de celui qu'on se propose dans l'essai ordinaire, en apportant au procédé qui précède la modification suivante :

On prend de l'acide sulfurique anglais du commerce, et l'on détermine son titre, une fois pour toutes, de la manière que nous avons décrite au § 26, où bien encore avec un aréomètre très-précis. Bien entendu que cet acide doit être conservé, après l'essai, dans un flacon bien bouché, pour que son titre ne s'abaisse pas.

On pèse, et l'on verse dans le flacon A une quantité de cet acide sulfurique telle, que la quantité d'acide anhydre qu'elle contient s'élève à 5,47 gr. Les poids qu'il faut ainsi en prendre se trouvent dans la table suivante .

Poids spécifique trouvé.	Quantité trouvée d'acide anhydre, en centièmes.	Poids qu'il faut prendre.
1,8485	81,54	6,708
1,8480	81,13	6,742
1,8475	80,72	6,776
1,8467	80,31	6,811
1,8460	79,90	6,846
1,8449	79,49	6,881
1,8439	79,09	6,916
1,8424	78,68	6,951
1,8410	78,28	6,987
1,8393	77,84	7,027
1,8376	77,40	7,067
1,8356	77,02	7,101
1,8336	76,65	7,136
1,8313	76,24	7,174
1,8290	75,83	7,213
1,8261	75,42	7,252
1,8233	75,02	7,291
1,8206	74,61	7,331
1,8179	74,20	7,371
1,8147	73,79	7,412
1,8115	73,39	7,453
1,8079	72,97	7,495
1,8043	72,57	7,537

On verse, de plus, dans le flacon, assez d'eau pour le remplir jusqu'au quart ; et on introduit enfin de 6,5 à 7 gr. d'oxalate neutre de potasse, ou de 5,5 à 6 gr. d'oxalate neutre de soude. Cela fait, on pèse 2,98 gr. (voy. à la fin de ce paragraphe) du manganèse pulvérisé qu'on veut essayer, et qu'on a soumis préalablement à l'épreuve relative aux carbonates de terres alcalines, et l'on introduit cette quantité dans un petit tube de verre de la même grandeur et de la même forme que celui dont on s'est servi en acidimétrie (voy. § 25); dans un second tube semblable, on introduit le même poids, ou un peu plus (une détermination exacte de poids n'est pas nécessaire pour cette portion employée) de pyrolusite pure réduite en poudre [1]; alors on suspend avec un fil, de la manière qui a été décrite à la page 103, le tube rempli du manganèse à essayer, dans le flacon A de l'appareil monté comme il a été indiqué au § 3; on pose l'appareil, avec le tube rempli de pyrolusite, sur un des plateaux de la balance, et on met, sur l'autre, la tare comme à l'ordinaire.

On desserre alors un peu le bouchon du flacon A, et on y laisse tomber le tube rempli de manganèse. Le dégagement de l'acide carbonique commence aussitôt, et continue jusqu'à ce que tout le manganèse

---

[1] Toute pyrolusite qui n'est point mêlée à d'autres minerais manganésiques peut servir dans ce but. On peut l'employer directement si elle renferme du spath pesant; mais si elle contient de l'alumine ou de la chaux, on la fait digérer, à une douce chaleur, dans l'acide nitrique étendu, jusqu'à ce qu'elle ait été dépouillée de toutes ses parties solubles; on la lave ensuite avec de l'eau, et on la fait sécher. A défaut de pyrolusite de bonne qualité, on prend de l'hydrate de peroxyde de manganèse préparé artificiellement.

soit décomposé. Lorsque le dégagement commence à se ralentir, on plonge le flacon A dans l'eau chaude, et on l'y laisse jusqu'à ce qu'il ne se produise plus de bulles ; alors on desserre la petite boule de cire [1], on retire le flacon A de l'eau chaude, et on aspire l'acide carbonique.

Lorsque l'appareil est refroidi et séché, on porte de nouveau sur le même plateau de la balance où on l'avait posé auparavant, et sur lequel se trouve encore le tube rempli de pyrolusite, et l'on compense, par des poids, l'acide carbonique dégagé ; le nombre de centigrammes nécessaires pour cela, étant divisé par 3, indique la quantité de peroxyde qui était contenu dans le manganèse soumis à l'essai ; et cette quantité se trouve, comme ci-dessus, § 32, exprimée en centièmes.

On retire alors les poids ajoutés, mais sans rien changer à la tare ; on introduit encore, dans le flacon A, le tube rempli de pyrolusite après avoir replacé la petite boule de cire. Et si, alors, on ne voit pas recommencer un nouveau dégagement d'acide

---

[1] Il est indispensable de faire cette opération lorsque le flacon est encore plongé dans l'eau chaude, car si on l'en retirait avant d'ouvrir le tube a, l'acide sulfurique du flacon B serait resorbé, et par conséquent l'essai serait manqué.

carbonique, c'est que le manganèse essayé est de la pyrolusite pure, et l'essai se trouve terminé. Mais si un nouveau dégagement a lieu, on achève l'opération de la manière qui a été indiquée ci-dessus, et l'on plonge, à la fin, le flacon A dans l'eau chaude. Après avoir fait l'aspiration, on porte encore une fois l'appareil dans la balance, et on place sur le même plateau un poids de 3 gr.; si l'équilibre est exactement rétabli, c'est une preuve qu'il ne s'est fait aucune perte d'acide ; le manganèse est mélangé, mais seulement avec des substances qui n'exigent pas d'acide pour leur saturation. Mais si, au contraire, le plateau où est l'appareil vient à trébucher, c'est une preuve qu'une portion de l'acide s'est combinée avec un oxyde faisant partie du mélange. Le nombre de centigrammes qu'il faut retrancher des 3 gr., et qui doivent, par conséquent, être ajoutés *à la tare*, afin de rétablir l'équilibre, étant multiplié par 0,6114, donne directement la quantité d'acide sulfurique anhydre qui a été dépensée inutilement, pour la préparation du chlore, dans la décomposition de 100 parties du manganèse essayé. Ce même nombre étant multiplié par 0,333, indique la quantité d'acide sulfurique qui a été employée sans profit, en admettant qu'on ait opéré sur 100 parties de cet acide. Étant multiplié par 0,5552, ce même nombre donne la quantité d'acide hydrochlorique anhydre qui a été consommée, sans effet utile, pour la décomposition de 100 parties de manganèse. Enfin, ce même nombre, étant multiplié par 0,333, fait connaître combien d'acide chlorhydrique on dépense inutilement quand on emploie 100 parties de cet acide.

Ces nombres résultent des proportions suivantes :

I. 275 (équivalent de l'acide carbonique) est à 501 (équivalent de l'acide sulfurique), comme la quantité d'acide carbonique obtenue en moins (à proportion de l'acide sulfurique employé) est à x.

x égale cet acide carbonique multiplié par $\dfrac{501}{275}$, c'est-à-dire multiplié par 1,822.

Le nombre obtenu pour x donne ainsi la quantité d'acide carbonique qui correspond à celle de ce même acide qui a été obtenue en moins.

II. 298 manganèse est à 100, comme x de l'équation I est à x.

$$x = x \text{ de I} \times \frac{100}{298}, \text{ c'est-à-dire} \times 0,33557.$$

La quantité x de la première équation indique la

quantité d'acide sulfurique qui a été sans effet pour la décomposition de 2,98 manganèse.

La quantité x de la deuxième équation donne la même indication pour 100 parties de manganèse.

Si l'on multiplie donc directement la quantité d'acide carbonique obtenue en moins, par les produits obtenus aux quotients de I et II

$$1,822 \text{ et } 0,33557,$$

c'est-à-dire par 0,61141 (nombre indiqué ci-dessus), on obtient immédiatement la quantité d'acide sulfurique anhydre qui a été employée inutilement pour la décomposition de chaque 100 parties de manganèse.

III. 547 (quantité d'acide sulfurique employée) est à 100, comme x de I est à x,

$$x = x \text{ de I} \times \frac{100}{547}, \text{ c'est-à-dire} \times 0,18282.$$

Sur 547 d'acide sulfurique, il en a été employé inutilement la quantité de x de I ; 100 correspondant à la quantité de x de III.

On obtient donc immédiatement la quantité x de III, en multipliant la quantité d'acide carbonique qui a été obtenue en moins, par le produit des quotients

$$1,822, \text{ et } 0,18282,$$

c'est-à-dire par 0,33301.

On trouve de la même manière les nombres qui ont rapport à l'acide chlorhydrique. Pour 5,47 d'acide sulfurique, on doit porter, dans le calcul, 4,967 d'acide chlorhydrique.

Le principe sur lequel repose le procédé décrit, deviendra facile à comprendre par ce qui suit :

1 équivalent peroxyde de manganèse peut être considéré comme composé de :

1 équivalent de protoxyde de manganèse ;

et de 1 équivalent d'oxygène.

Pour obtenir la quantité d'oxygène en chlore, il faut employer deux équivalents d'acide chlorhydrique ; l'un de ces équivalents s'unit au protoxyde de manganèse pour former du chlorhydrate de protoxyde de manganèse (chlorure de manganèse et eau), et tout le chlore que contient l'autre équivalent, est mis en liberté ; tandis que son hydrogène se combine avec l'équivalent d'oxygène pour former de l'eau. Si on remplace l'acide chlorhydrique par de l'acide sulfurique et du sel marin, il faut alors 2 équivalents d'acide sulfurique. Si l'on veut obtenir l'excès d'oxygène du peroxyde sous forme d'acide carbonique, il faut deux équivalents d'acide oxalique, et quand on remplace l'acide oxalique par l'acide sulfurique et par de l'oxalate de potasse, il faut également deux équivalents d'acide sulfurique.

D'après le mode d'épreuve indiqué, $2^{gr},98$ de manganèse sont mis en contact avec une quantité d'acide sulfurique telle qu'elle renferme $5^{gr},47$ d'acide sulfurique anhydre ; ces nombres se trouvent dans le rapport de 1 équivalent de peroxyde de manganèse pour 2 équivalents d'acide sulfurique. Si donc, le manganèse est du peroxyde pur, il ne restera plus, après que la réaction sera terminée, et à cause de la présence en excès de l'oxalate de potasse, ni peroxyde de manganèse, ni acide sulfurique : une moitié de l'acide sulfurique aura servi à former du sulfate de protoxyde de manganèse, tandis que, avec l'autre moitié, il se sera formé du sulfate de potasse. Par la combinaison de l'oxygène dégagé, l'acide oxalique devenu libre se sera transformé en 2 équivalents d'acide carbonique. Si l'on ajoute une nouvelle quantité de manganèse, il ne se formera plus d'acide carbonique, puisqu'il n'y aura plus d'acide sulfurique pour mettre de l'acide oxalique en liberté.

Nous n'avons plus besoin de mentionner ici qu'on peut, d'après la quantité d'acide carbonique obtenue, déterminer la portion d'oxygène disponible (dans le peroxyde de manganèse), attendu que la chose a été déjà discutée plus haut (§ 32).

Il paraîtra de même évident que, par la quantité obtenue d'acide carbonique, on peut également trouver la quantité d'acide sulfurique employée pour la décomposition du peroxyde, si, l'on se rappelle que, pour chaque équivalent de l'acide sulfurique qui a servi à mettre l'acide oxalique en liberté, ou qui, dans le cas où l'on admettrait du sel marin à la place de l'oxalate de potasse, aurait servi à produire de l'acide chlorhydrique, et par là du chlore, si on se rappelle, disons-nous, que, pour chaque équivalent d'acide sulfurique ainsi employé, on obtient 2 équivalents d'acide carbonique, ou, ce qui revient au même, 1 équivalent d'acide carbonique pour chaque équivalent d'acide sulfurique employé *à la décomposition du peroxyde de manganèse* en général.

Considérons maintenant les changements qui auront lieu, lorsque le manganèse ne sera pas du peroxyde pur, et qu'il contiendra, en outre, de l'hydrate de deutoxyde de manganèse, ou du fer, ou de la chaux, ou du spath pesant.

Dans tous les cas, nous trouverons d'une manière exacte le titre du manganèse en peroxyde, parce que l'acide sulfurique est en excès ; parce que l'oxalate de potasse existe en quantité suffisante ; et qu'enfin toutes les conditions que nous venons de reconnaître comme nécessaires se trouvent ici remplies.

Maintenant, pour mettre en évidence le rapport de l'acide consommé, nous considérons d'abord le manganèse comme un mélange formé de 3 équivalents de peroxyde de manganèse, et de 2 équivalents de spath pesant.

Nous mettons ce mélange en contact avec 10 équivalents d'acide sulfurique, en présence de l'oxalate de potasse. Si le manganèse pris pour l'opération eût été du peroxyde pur, nous obtiendrions 10 équivalents d'acide carbonique, savoir : 5,47 gr. (quantité prescrite) d'acide sulfurique, 3 gr. d'acide carbonique, car :

$$501 : 275 : : 5,47 : 3,00.$$

Cependant, dans le cas supposé, nous n'obtenons que 6 équivalents d'acide carbonique ; les 4 autres équivalents d'acide oxalique mis, en plus, en liberté par l'acide sulfurique, restent comme tels en solution, attendu qu'il n'y a plus d'oxygène pour pouvoir les transformer en acide carbonique. Si nous ajoutons une nouvelle portion de peroxyde de manganèse, nous transformons encore ces 4 équivalents d'acide oxalique en 2 équivalents d'acide carbonique, et nous obtenons, pour cela, 4 équivalents de ce dernier. — Or, il en est résulté d'abord 6 équivalents, ensuite 4 ; cela fait donc, en tout, 10 équivalents d'acide carbonique, c'est-à-dire précisément la quantité qui aurait dû être dégagée par l'acide sulfurique employé, s'il n'y avait pas eu une portion employée à autre chose.

Pour rendre le cas très-simple, supposons maintenant qu'au lieu de spath pesant, nous ayons du protoxyde de manganèse ou de la chaux ; nous n'obtiendrons de même, d'abord, que 6 équivalents d'acide carbonique, et il restera dans la liqueur 4 équivalents d'acide sulfurique, ou plus exactement d'acide oxalique, lesquels ne sont encore entrés dans aucune réaction avec le peroxyde de manganèse. Toutefois, sur ces 4 équivalents, il y en a 2 qui ne sont pas libres, mais qui existent en combinaison avec le protoxyde de manganèse ou avec la chaux. Si nous ajoutons donc encore du peroxyde de manganèse, nous obtenons, par suite de cet état de choses, non pas 4 équivalents, mais seulement 2 équivalents d'acide carbonique ; nous aurons donc obtenu, en tout, 8 équivalents de cet acide au lieu de 10 que nous aurions dû obtenir. Les deux équivalents d'acide sulfurique qui manquent, et qui correspondent aux 2 équivalents d'acide carbonique, sont donc perdus pour la formation de l'acide carbonique, ou bien pour la production du chlore, lorsque nous employons du sel marin au lieu d'oxalate de potasse.

Pour généraliser ce qui se passe dans ce cas, il faudrait donc s'exprimer ainsi :

La quantité d'acide carbonique que, dans ce procédé, on obtient en moins, au-dessous de celle qui correspond à l'acide sulfurique employé, est proportionnelle, en équivalents simples, à la perte que d'autres substances ont fait éprouver de cet acide.

Enfin, nous allons encore ajouter ici les résultats des essais par lesquels nous nous sommes convaincus de l'exactitude de la méthode dont nous venons de parler :

1° Pour acquérir la certitude qu'on obtient, en effet, la quantité d'acide carbonique qui correspond à celle de l'acide employé quand on met ensemble de l'acide étendu, avec du peroxyde de manganèse en présence de l'oxalate de potasse, nous avons traité 59,59 d'acide chlorhydrique, ainsi qu'il est dit plus haut § 27, par de la pyrolusite pure, et nous avons obtenu 1,185 d'acide carbonique, ce qui correspond à 1,959 d'acide chlorhydrique,

C'est sur 100 parties :

Obtenu par le chlorure d'argent.	Obtenu par l'essai avec le bicarbonate de soude.	Obtenu par le manganèse.
3,45	3,39	3,29 [1]

2° Ensuite nous avons mélangé 4 parties d'une pyrolusite d'Ilmenau, aussi pure que possible, avec une partie de magnésie calcinée, en procédant du reste exactement d'après la méthode décrite dans ce paragraphe. L'acide sulfurique employé a été essayé avec de la baryte, et il s'est trouvé être à 77,65 pour cent; il a fallu, par conséquent, en prendre $7^{gr},047$.

Nous avons obtenu une première perte de poids de l'appareil, de $2^{gr},320$.

La perte de poids totale a été de $2^{gr},382$. Les résultats sont donc tels qu'il suit :

1° Quantité en peroxyde de manganèse exprimée en centièmes :

Trouvée.	Calculée.
77,3.	77,28 [2].

---

[1] Il résulte de ces essais que de la pyrolusite pure pourrait remplacer le bi-carbonate alcalin dans l'acidimétrie. Cependant nous croyons que le bi-carbonate alcalin est plus propre à ce but ; c'est pourquoi nous n'avons pas cru devoir mentionner l'emploi du manganèse en parlant de nos essais acidimétriques.

[2] 100 parties de pyrolusite, d'après notre analyse exposée plus

2° Consommation, en acide chlorhydrique, pour 100 parties de manganèse.

Quantité employée à la production du chlore :

Trouvée.	Calculée.
141,6.	141,5.

Quantité ajoutée inutilement :

Trouvée.	Calculée.
37,8.	38,8.

Dans le cas où un manganèse contiendrait du carbonate de chaux, on devrait d'abord, avant de calculer les résultats, déterminer, avec une portion dudit manganèse, la quantité d'acide carbonique, d'après la méthode que nous avons indiquée au § 3. On soustrairait alors de la première, ainsi que de la seconde perte de poids, la quantité obtenue de $2^{gr},98$ de manganèse, et le reste s'exécuterait comme à l'ordinaire.

Il est évident que, dans le cas où le carbonate de chaux se trouvera en faible quantité, il sera plus convenable de prendre un multiple du nombre 2,98 en manganèse, et de calculer ensuite l'acide carbonique obtenu sur cette quantité.

haut, ont fourni, au calcul, 96,6 parties de peroxyde de manganèse pur ; mais le reste, c'est-à-dire les 3,4 parties sur 100, ont été considérées comme du spath pesant.

§ 35.

Représentation des résultats.

Quant au mode de représentation par lequel on doit exprimer la valeur vénale des différentes espèces de manganèse, on peut prendre en considération, à ce sujet, soit, comme dans l'essai, la quantité seulement d'oxygène disponible ; soit encore, en même temps, la dépense nécessaire en acide.

Dans le premier cas, il paraît plus simple et plus ostensible de calculer la quantité d'oxygène disponible dans le peroxyde de manganèse, et d'exprimer ainsi la valeur du manganèse suivant son titre comme peroxyde de manganèse. Il est vrai qu'on peut objecter que ce mode d'indication ne serait pas très-juste, attendu que les manganèses peuvent renfermer encore d'autres minerais manganésiques (tels que le *psylomelan*, le *manganit*, qui ne soit pas du peroxyde, et qui, malgré cela, contiennent de l'oxygène disponible. Cependant, cette objection reposerait sur le mot et non sur la chose, car le titre du peroxyde de manganèse est toujours calculé d'après la quantité d'oxygène disponible; il est par conséquent proportionnel à celui-ci ; et alors pour une quantité plus forte de psylomelan, etc., il n'est introduit dans le calcul que la quantité correspondante de peroxyde de manganèse. Cette représentation s'accorde parfaitement avec celle de M. Gay-Lussac, savoir : que du manganèse, au titre de 100 pour cent en peroxyde, est égal à celui qui est au titre de 100 degrés de chlore d'après M. Gay-Lussac.

Si l'on doit exprimer, en outre, dans le mode de représentation, la dépense faite en acide, le meilleur système sera également ici de faire cette représentation à l'aide d'une fraction.

Le numérateur indiquera les centièmes de manganèse en peroxyde ; et le dénominateur, la quantité d'acide chlorhydrique qu'on doit employer pour la décomposition complète de 100 parties de manganèse ; et, de plus, le dénominateur s'exprime par deux nombres, dont le premier indiquera la quantité qui aura été réellement employée pour la production du chlore, tandis que l'autre exprimera la quantité qui en aura été employée inutilement. Ainsi, de la pyrolusite pure serait représentée par l'expression de :

$$\text{Manganèse de } \frac{100}{167+0}.$$

Du psylomelan pur le serait par celle-ci:

$$\text{Manganèse de } \frac{55}{92+46}.$$

Un mélange de 9 parties de peroxyde de manganèse avec une partie de carbonate de chaux, aurait pour expression :

$$\text{Manganèse de } \frac{90}{150+7}.$$

Pour faciliter, autant que possible, l'usage de ce mode de représentation, nous avons annexé à cet ouvrage deux tables (tab. VIII et IX), dans l'une desquelles se trouvent indiquées les quantités d'acide chlorhydrique anhydre qui sont nécessaires pour la décomposition depuis 1 jusqu'à 100 parties de peroxyde de manganèse pur. Ce sera donc dans celle-ci qu'on pourra lire directement le premier nombre du dénominateur. L'autre table indique quelle est la quantité d'acide chlorhydrique qui correspond au poids d'acide carbonique obtenu en moins (§ 34, page 149) sur 100 parties de manganèse, c'est-à-dire, en d'autres termes, que cette table donne immédiatement les deuxièmes nombres du dénominateur. Enfin, nous ferons encore observer qu'on n'a besoin que de diviser par le numérateur de la fraction les nombres du dénominateur multiplié par

100, pour rendre comparables entre elles, d'une manière facile, les quantités d'acide qui sont indiquées par ces nombres du dénominateur.

On obtient de cette manière :

Pour de la pyrolusite pure, $\dfrac{100}{167 + 0}$.

Pour du psylomelan pur, $\dfrac{55}{167 + 83}$.

Pour un mélange avec $\dfrac{1}{10}$ de chaux, $\dfrac{90}{167 + 7,7}$.

Les nombres des dénominateurs ne se rapportent maintenant plus à 100 parties de manganèse, mais bien aux 100 parties de peroxyde qui renferment ces quantités. Par les fractions, on reconnaît de même, comme ci-dessus, d'abord le titre en centièmes de peroxyde, et de plus, qu'il n'y a eu d'employé inutilement, dans le premier cas, point d'acide ; dans le deuxième cas, 83 parties ; et dans le troisième, 7,7 parties, pour produire 81 de chlore, c'est-à-dire la quantité de chlore qui correspond à 100 parties de peroxyde de manganèse.

CHAPITRE V

TABLES DIVERSES.

TABLE I.

Dans cette table on peut :

1° Trouver directement le dénominateur de la fraction, d'après notre mode de représentation (§ 9) par les quantités d'eau, trouvées en centièmes, qui étaient contenues dans la potasse, ou dans la soude (colonne 1), ou, ce qui revient au même, par le nombre des décigrammes qui sont nécessaires pour compenser la perte éprouvée par la calcination de 10^{gr} de la substance soumise à l'essai (voy. § 13 et § 17). (Col. III).

Cette même table indique :

2° Pour tout article dont la valeur en argent, ou en propriété effective, change proportionnellement avec le titre exprimant une de ses parties constituantes en centièmes (comme pour la potasse, la soude, les acides, le manganèse, etc.), elle indique disons-nous, quelle quantité d'une marchandise, à un titre quelconque, exprimé en centièmes, correspond, quant à l'effet et à la valeur intrinsèque de cette partie constituante, à une marchandise de tout autre titre également exprimé en centièmes.

I.	II.	III.	I.	II.	III.
Quantité d'eau en centièm.	Titre en centièmes de la substance effective.	Dénominat^r de la fraction par rapport à I. — Nombre de compensation par rapport à II.	Quantité d'eau en centièm.	Titre en centièmes de la substance effective.	Dénominat^r de la fraction par rapport à I. — Nombre de compensation par rapport à II.
0,0	100,0	100,0	17,0	83,0	120,4
0 5	99,5	100,5	17,5	82,5	121,6
1,0	99,0	101,0	18,0	82,0	122,2
1,5	98,5	101,6	18,5	81,5	122,8
2 0	98,0	102,0	19,0	81,0	123,4
2,5	97,5	102,6	19,5	80,5	124,2
3,0	97,0	103,1	20,0	80,0	125,0
3,5	96,5	103,6	20,5	79,5	125,8
4 0	96,0	104,2	21 0	79,0	126,6
4,5	95,5	104,7	21,5	78,5	127,3
5,0	95,0	105,2	22,0	78,0	128,1
5,5	94,5	105,8	22,5	77,5	129,0
6,0	94,0	106,4	23,0	77,0	130,0
6,5	93,5	106,9	23,5	76,5	130,8
7,0	93,0	107,5	24,0	76,0	131,6
7,5	92,5	108,1	24,5	75,5	132,4
8,0	92,0	108,7	25,0	75,0	133,3
8,5	91,5	109,3	25,5	74,5	134,2
9,0	91,0	110,0	26,0	74,0	135,1
9,5	90,5	110,5	26,5	73,5	136,0
10,0	90,0	111,1	27,0	73,0	137,0
10,5	89,5	111,7	27,5	72,5	137,9
11,0	89,0	112,3	28,0	72,0	138,8
11,5	88,5	112,9	28,5	71,5	139,8
12,0	88,0	113,6	29,0	71,0	140,8
12,5	87,5	114,3	29,5	70,5	141,8
13,0	87,0	114,9	30,0	70,0	142,8
13,5	86,5	115,6	30,5	69,5	143,8
14,0	86,0	116,2	31,0	69,0	144,9
14,5	85,5	116,9	31,5	68,5	145,9
15,0	85,0	117,6	32,0	68,0	147,0
15,5	84,5	118,3	32,5	67,5	148,1
16,0	84,0	119,0	33,0	67,0	149,2
16,5	83,5	119,7	33,5	66,5	150,3

I.	II.	III.	I.	II.	III.
Quantité d'eau en centièm.	Titre, en centièmes, de la substance effective.	Dénominal' de la fraction par rapport à I. — Nombre de compensation par rapport. à II.	Quantité d'eau en centièm.	Titre, en centièmes, de la substance effective	Dénominal' de la fraction par rapport à I. — Nombre de compensation par rapport à II.
34,0	66,0	151,5	51,0	49,0	204,0
34,5	65,5	152,6	51,5	48,5	206,1
35,0	65,0	153,8	52,0	48,0	208,3
35,5	64,5	155,0	52,5	47,5	210,5
36,0	64,0	156,2	53,0	47,0	212,7
36,5	63,5	157,4	53,5	46,5	215,0
37,0	63,0	158,7	54,0	46,0	217,4
37,5	62,5	159,9	54,5	45,5	219,8
38,0	62,0	161,2	55,0	45,0	222,2
38,5	61,5	162,6	55,5	44,5	224,7
39,0	61,0	164,0	56,0	44,0	227,2
39,5	60,5	165,3	56,5	43,5	229,8
40,0	60,0	166,6	57,0	43,0	232,5
40,5	59,5	168,2	57,5	42,5	235,2
41,0	59,0	169,9	58,0	42,0	238,0
41,5	58,5	171,1	58,5	41,5	240,9
42,0	58,0	172,4	59,0	41,0	243,9
42,5	57,5	173,9	59,5	40,5	246,9
43,0	57,0	175,4	60,0	40,0	250,0
43,5	56,5	176,9	60,5	39,5	253,2
44,0	56,0	178,5	61,0	39,0	256,4
44,5	55,5	180,1	61,5	38,5	259,7
45,0	55,0	181,8	62,0	38,0	263,1
45,5	54,5	183,5	62,5	37,5	266,6
46,0	54,0	185,1	63,0	37,0	270,2
46,5	53,5	186,8	63,5	36,5	274,0
47,0	53,0	188,6	64,0	36,0	277,8
47,5	52,5	190,5	64,5	35,5	281,7
48,0	52,0	192,3	65,0	35,0	285,7
48,5	51,5	194,1	65,5	34,5	289,9
49,0	51,0	196,0	66,0	34,0	294,1
49,5	50,5	198,0	66,5	33,5	298,5
50,0	50,0	200,0	67,0	33,0	303,0
50,5	49,5	202,0	67,5	32,5	307,7

I. Quantité d'eau en centièm.	II. Titre, en centièmes, de la substance effective	III. Dénominat^r de la fraction par rapport à I — Nombre de compensation par rapport à II.	I. Quantité d'eau en centièm.	II. Titre, en centièmes, de la substance effective.	III. Dénominat^r de la fraction par rapport à I. — Nombre de compensation par rapport à II.
68,0	32,0	312,5	84,0	16,0	625,0
68,5	31,5	317,5	84,5	15,5	645,8
69,0	31,0	322,5	85,0	15,0	666,6
69,5	30,5	327,9	85,5	14,5	690.5
70,0	30,0	333,3	86,0	14,0	714,3
70,5	29,5	339,0	86,5	13,5	741,7
71,0	29,0	344,8	87,0	13,0	769,2
71,5	28,5	350,9	87,5	12,5	801,2
72,0	28,0	357,1	88,0	12,0	833,3
72,5	27,5	363,7	88,5	11,5	871,1
73,0	27,0	370,3	89,0	11,0	909,0
73,5	26,5	377,5	89,5	10,5	954,5
74,0	26,0	384,6	90,0	10,0	1000
74,5	25,5	392.3	90,5	9,5	1050
75,0	25,0	400,0	91,0	9,0	1111
75,5	24,5	408,3	91,5	8,5	1180
76,0	24,0	416,6	92,0	8,0	1250
76,5	23,5	425,6	92,5	7,5	1339
77,0	23.0	434,7	93,0	7,0	1428
77,5	22,5	444,6	93,5	6,5	1547
78,0	22,0	454,5	94,0	6,0	1666
78,5	21,5	465,3	94,5	5,5	1833
79,0	21,0	476,1	95,0	5,0	2000
79,5	20,5	488,1	95,5	4,5	2250
80,0	20,0	500,0	96,0	4,0	2500
80,5	19,5	513,1	96,5	3,5	2916
81,0	19,0	526,3	97,0	3,0	3333
81,5	18,5	540.9	97,5	2,5	4166
82,0	18,0	555,5	98,0	2,0	5000
82,5	17,5	571,8	98,5	1,5	7500
83,0	17,0	588,2	99,0	1,0	10000
83,5	16,5	606,6	99,5	0,5	20000

TABLE II.

Elle indique les quantités de potasse caustique et d'hydrate de potasse (K O, H O) correspondantes au carbonate de potasse.

Carbonate de potasse.	Potasse caustique.	Hydrate de potasse.	Carbonate de potasse.	Potasse caustique.	Hydrate de potasse.
1	0,68	0,81	31	21,14	25,20
2	1,36	1,62	32	21,82	26,01
3	2,05	2,44	33	22,50	26,82
4	2,73	3,25	34	23,18	27,63
5	3,41	4.06	35	23,86	28,44
6	4,09	4,87	36	24,54	29,25
7	4,77	5,69	37	25,22	30,06
8	5,46	6,50	38	25,90	30,87
9	6,14	7,31	39	26,58	31,68
10	6,82	8,13	40	27,28	32 52
11	7,50	8,94	41	27,96	33,33
12	8,18	9.75	42	28,64	34,14
13	8,87	10,56	43	29,32	34,95
14	9,60	11.37	44	30,00	35,76
15	10,23	12,18	45	30,68	36,57
16	10,91	12,99	46	31,36	37,38
17	11,59	13,80	47	32,04	38,19
18	12,28	14,61	48	32,72	39,00
19	12,96	15,42	49	33,40	39,81
20	13,64	16,26	50	34,10	40,64
21	14,32	17,07	51	34,78	41,45
22	15,00	17,88	52	35,46	42,26
23	15,68	18,69	53	36.14	43,07
24	16,36	19,50	54	36,82	43,88
25	17,05	20,31	55	37,50	44,69
26	17,73	21,12	56	38,18	45,51
27	18,41	21,93	57	38,86	46,32
28	19,09	22,74	58	39,54	47,14
29	19,77	23,55	59	40,22	47,95
30	20,46	24,39	60	40,90	48,76

Carbonate de potasse.	Potasse caustique.	Hydrate de potasse.	Carbonate de potasse.	Potasse caustique.	Hydrate de potasse.
61	41,58	49,57	81	55,24	65,83
62	42,26	50,38	82	55,92	66,64
63	42,94	51,19	83	56,60	67,46
64	43,62	52,01	84	57,28	68,27
65	44,30	52,82	85	57,96	69,09
66	44,98	53,63	86	58,64	69,90
67	45,66	54,45	87	59,32	70,71
68	46,34	55,26	88	60,00	71,52
69	47,02	56,07	89	60,68	72,33
70	47,70	56.89	90	61,36	73,15
71	48,38	57,70	91	62,05	73,96
72	49,06	58,51	92	62,73	74,77
73	49,74	59,32	93	63,41	75,58
74	50,42	60,13	94	64,09	76.40
75	51,10	60,94	95	64,77	77,21
76	51,78	61,75	96	65,45	78,02
77	52,46	62,56	97	66,13	78,83
78	53,14	63,37	98	66,81	79,64
79	53,87	64,19	99	67.49	80,45
80	54,56	65,02	100	68,20	81,28

TABLE III.

Elle indique les quantités de soude caustique et d'hydrate de soude (NaO,HO) correspondantes au carbonate de soude.

Carbonate de soude.	Soude caustique	Hydrate de soude.	Carbonate de soude.	Soude caustique.	Hydrate de soude
1	0,59	0,75	31	18,21	23,40
2	1,17	1,51	32	18,80	24,16
3	1,76	2,26	33	19,38	24,91
4	2,35	3,02	34	19,97	25,67
5	2,93	3,77	35	20,56	26,42
6	3.52	4,53	36	21,14	27,17
7	4,11	5,28	37	21,73	27,93
8	4,69	6,04	38	22,32	28,69
9	5,28	6,79	39	22,90	29,44
10	5,87	7,55	40	23,48	30,20
11	6,46	8,30	41	24,07	30,95
12	7,04	9,06	42	24,66	31,71
13	7,63	9,81	43	25,24	32,46
14	8,22	10,57	44	25,83	33,21
15	8,81	11,32	45	26,41	33.96
16	9,39	12,08	46	27,00	34,71
17	9,98	12,83	47	27,59	35,47
18	10,57	13,59	48	28,17	36,23
19	11,15	14,35	49	28,75	36,99
20	11,74	15,11	50	29,35	37,75
21	12,33	15,86	51	29,94	38,50
22	12,91	16,62	52	30,52	39,26
23	13,50	17,37	53	31,11	40,01
24	14,09	18,13	54	31,70	40,77
25	14,68	18,88	55	32,28	41,52
26	15,26	19,64	56	32,86	42,28
27	15,85	20,39	57	33,45	43,03
28	16,44	21,17	58	34,04	43,79
29	17,03	21,91	59	34,63	44,54
30	17,61	22,65	60	35,22	45,30

Carbonate de soude.	Soude caustique.	Hydrate de soude.	Carbonate de soude.	Soude caustique.	Hydrate de soude.
61	38,81	46,05	81	47,55	61,15
62	36,40	46,81	82	48,13	61,91
63	36,98	47,56	83	48,72	62,66
64	37,57	48,32	84	49,31	63,42
65	38,16	49,07	85	49,90	64,17
66	38,74	49,83	86	50,49	64,93
67	39,33	50,58	87	51,07	65,68
68	39,91	51,34	88	51,66	66,44
69	40,50	52,09	89	52,25	67,19
70	41,09	52,85	90	52,83	67,95
71	41,68	53,60	91	53,42	68,70
72	42,26	54,36	92	54,00	69,46
73	42,85	55,11	93	55,59	70,21
74	43,44	55,87	94	55,17	70,97
75	44,02	56,62	95	55,76	71,72
76	44,61	57,38	96	56,35	72,48
77	45,20	58,13	97	56,93	73,23
78	45,79	58,89	98	57,52	73,99
79	46,37	59,64	99	58,10	74,74
80	46,96	60,40	100	58,70	75,50

TABLE IV.

Dans laquelle on peut voir la quantité d'acide sulfurique anhydre, et celle d'acide sulfurique concentré contenue dans l'acide sulfurique sous différents poids spécifiques. (Temp. $+ 15°,5$ cent.).

Acide sulfurique concentré.	Poids spécifique.	Acide anhydre.	Acide sulfurique concentré.	Poids spécifique.	Acide anhydre.
100	1,8485	81,54	72	1,6204	58,71
99	1,8475	80,72	71	1,6090	57,89
98	1,8460	79,90	70	1,5975	57,08
97	1,8439	79,09	69	1,5868	56,26
96	1,8410	78,28	68	1,5760	55,45
95	1,8376	77,40	67	1,5648	54,63
94	1,8336	76,65	66	1,5503	53,82
93	1,8290	75,83	65	1,5390	53,00
92	1,8233	75,02	64	1,5280	52,18
91	1,8179	74,20	63	1,5170	51,37
90	1,8115	73,39	62	1,5066	50,55
89	1,8043	72,57	61	1,4960	49,74
88	1,7962	71,75	60	1,4860	48,92
87	1,7870	70,94	59	1,4060	48,11
86	1,7774	70,12	58	1,4660	47.29
85	1,7673	69,31	57	1,4560	46,58
84	1,7570	68.49	56	1,4460	45,68
83	1,7465	67,68	55	1,4360	44,85
82	1,7360	66,86	54	1,4265	44,03
81	1,7245	66,05	53	1.4170	43,22
80	1,7120	65,23	52	1,4073	42.40
79	1,6993	64,42	51	1,3977	41,58
78	1,6870	63,60	50	1,3884	40,77
77	1,6750	62,78	49	1,3788	39 95
76	1,6630	61,97	48	1,3697	39,14
75	1,6520	61,15	47	1.3612	38,32
74	1,6415	60,34	46	1,3530	37,51
73	1,6321	59,55	45	1,3440	36,69

Acide sulfurique concentré.	Poids spécifique.	Acide anhydre.	Acide sulfurique concentré.	Poids spécifique	Acide anhydre.
44	1,3345	35,88	22	1,1549	17,94
43	1,3255	35,06	21	1,1480	17,12
42	1,3165	34,25	20	1,1410	16,31
41	1,3080	33,43	19	1,1330	15,49
40	1,2999	32,61	18	1,1246	14,68
39	1,2913	31,80	17	1,1165	13,86
38	1,2826	30,98	16	1,1090	13,05
37	1,2740	30,17	15	1,1019	12,23
36	1,2654	29,35	14	1,0953	11,41
35	1,2572	28,54	13	1,0887	10,60
34	1,2490	27,72	12	1,0809	9,78
33	1,2409	26,91	11	1,0743	8,97
32	1,2334	26,09	10	1,0682	8,15
31	1,2260	25,28	9	1,0614	7,34
30	1,2184	24,46	8	1,0544	6,52
29	1,2108	23,65	7	1,0477	5,71
28	1,2032	22,83	6	1,0405	4,89
27	1,1956	22,01	5	1,0336	4,08
26	1,1876	21,20	4	1,0268	3,26
25	1,1792	20,38	3	1,0206	2,46
24	1,1706	19,57	2	1,0140	1,63
23	1,1626	18,75	1	1,0074	0,8154

TABLE V.

Dans laquelle on peut voir la quantité de gaz chlorhydrique contenue dans l'acide chlorhydrique sous divers poids spécifiques.

Poids spécifique.	Gaz chlorhydrique.	Poids. spécifique.	Gaz chlorhydrique.
1,2000	40,777	1,1410	28,544
1,1982	40,369	1,1389	28,136
1,1964	39,961	1,1369	27,728
1,1946	39,554	1,1349	27,311
1,1928	39,146	1,1328	26,913
1,1910	38,738	1,1308	26,505
1,1893	38,330	1,1287	26,098
1,1875	37,923	1,1267	25,690
1,1857	37,516	1,1247	25,282
1,1846	37,108	1,1226	24,874
1,1822	36,700	1,1206	24,466
1,1802	36,292	1,1185	24,058
1,1782	35,884	1,1164	23,650
1,1762	35,476	1,1143	23,242
1,1741	35,068	1,1123	22,834
1,1721	34,660	1,1102	22,426
1,1701	34,252	1,1082	22,019
1,1681	33,845	1,1061	21,611
1,1661	33,437	1,1041	21,203
1,1641	33,029	1,1020	20,796
1,1620	32,621	1,1000	20,388
1,1599	32,213	1,0980	19,980
1,1578	31,805	1,0960	19,572
1,1557	31,398	1,0939	19,165
1,1537	30,990	1,0919	18,757
1,1515	30,582	1,0899	18,349
1,1494	30,174	1,0879	17,941
1,1473	29,767	1,0859	17.534
1,1452	29,359	1,0838	17,126
1,1431	28,951	1,0818	16,718

Poids spécifique.	Gaz chlorhydrique.	Poids spécifique.	Gaz chlorhydrique.
1,0798	16,310	1,0397	8,155
1,0778	15,902	1,0377	7,747
1,0758	15,494	1,0357	7,340
1,0738	15,087	1,0337	6,932
1,0718	14,679	1,0318	6,524
1,0697	14,271	1,0298	6,116
1,0677	13,863	1,0279	5,709
1,0657	13,456	1,0259	5,301
1,0637	13,049	1,0239	4,893
1,0617	12,641	1,0220	4,486
1,0597	12,233	1.0200	4,078
1,0577	11,825	1,0180	3,670
1,0557	11,418	1,0160	3,262
1,0537	11,010	1,0140	2,854
1,0517	10,602	1,0120	2,447
1,0497	10,194	1,0100	2.039
1,0477	9,786	1,0080	1,631
1,0457	9,379	1,0060	1,124
1,0437	8,971	1,0040	0,816
1,0417	8,563	1,0020	0,408

TABLE VI.

Indiquant la quantité d'acide anhydre contenue dans l'acide nitrique hydraté, sous différents poids spécifiques.

Poids spécifique.	Acide en centièmes.	Poids spécifique.	Acide en centièmes.	Poids spécifique.	Acide en centièmes.	Poids spécifique.	Acide en centièmes.
1,500	79,7	1,419	59,8	1,295	39,8	1,140	19,9
1,498	78,9	1,415	59,0	1,289	39,0	1,134	19,1
1,496	78,1	1,411	58,2	1,283	38,3	1,129	18,3
1,494	77,3	1,406	57,4	1,276	37,5	1,123	17,5
1,491	76,5	1,402	56,6	1,270	36,7	1,117	16,7
1,488	75,7	1,398	55,8	1,264	35,9	1,111	15,9
1,485	74,9	1,394	55,0	1,258	35,1	1,105	15,1
1,482	74,1	1,388	54,2	1,252	34,3	1,099	14,3
1,479	73,3	1,383	53,4	1,246	33,5	1,093	13,5
1,476	72,5	1,378	52,6	1,240	32,7	1,088	12,7
1,473	71,7	1,373	51,8	1,234	31,9	1,082	11,9
1,470	70,9	1,368	51,1	1,228	31,1	1,076	11,2
1,467	70,1	1,363	50,2	1,221	30,3	1,071	10,4
1,464	69,3	1,358	49,4	1,213	29,5	1,065	9,6
1,460	68,5	1,353	48,6	1,208	28,7	1,059	8,8
1,457	67,7	1,348	47,8	1,202	27,9	1,054	8,0
1,453	66,9	1,243	47,0	1,196	27,1	1,048	7,2
1,450	66,1	1,338	46,2	1,189	26,3	1,043	6,4
1,446	65,3	1,332	45,4	1 183	25,5	1,037	5,6
1,442	64,5	1,327	44,6	1,177	24,7	1,032	4,8
1,439	63.8	1,322	43,8	1,171	23,9	1,027	4,0
1,435	63,0	1,316	43,0	1,165	23,1	1,021	3,2
1,431	62,2	1,311	42,2	1,159	22,3	1,016	2,4
1,427	61,4	1,306	41,4	1,153	21,5	1,011	1,6
1,423	60,6	1,300	40,6	1,146	20,7	1,005	0,8

TABLE VII.

Indiquant le rapport existant entre l'hydrate d'acide acétique et l'acide acétique anhydre.

Acide acétique anhydre.	Hydrate d'acide acétique.	Acide acétique anhydre.	Hydrate d'acide acétique.	Acide acétique anhydre.	Hydrate d'acide acétique.
1	1,18	29	34,22	57	67,26
2	2,36	30	35,40	58	68,44
3	3,54	31	36,58	59	69,62
4	4,72	32	37,76	60	70,80
5	5,90	33	38,94	61	71,98
6	7,08	34	40,12	62	73,16
7	8,26	35	41,30	63	74,34
8	9,44	36	42,48	64	76,52
9	10,62	37	43,66	65	76,70
10	11,80	38	44,84	66	77,88
11	12,98	39	46,02	67	79,06
12	14,16	40	47,20	68	80,24
13	15,34	41	48,38	69	81,42
14	16,52	42	49,56	70	82,60
15	17,70	43	50,74	71	83,78
16	18,88	44	51,92	72	84,96
17	20,06	45	53,10	73	86,14
18	21,24	46	54,28	74	87,32
19	22,42	47	55,46	75	88,50
20	23,60	48	56,64	76	89,68
21	24,78	49	57,82	77	90,86
22	25,96	50	59,00	78	92,04
23	27,14	51	60,18	79	93,22
24	28,32	52	61,36	80	94,40
25	29,50	53	62,54	81	95,58
26	30,68	54	63,72	82	96,76
27	31,86	55	64,90	83	97,94
28	33,04	56	66,08	84	99,12

10.

TABLE VIII.

Dans laquelle on peut voir quelle quantité d'acide chlorhydrique anhydre est nécessaire pour la décomposition du peroxyde de manganèse pur.

Peroxyde de manganèse.	Acide chlorhydrique anhydre.	Peroxyde de manganèse.	Acide chlorhydrique anhydre.
1	1,66	31	51,64
2	3,33	32	53,30
3	4,99	33	54,96
4	6,66	34	56,62
5	8,33	35	58,28
6	9,99	36	59,94
7	11,66	37	61,60
8	13,33	38	63,26
9	14,99	39	64,92
10	16,66	40	66,64
11	18,32	41	68,30
12	19,98	42	69,96
13	21,64	43	71,62
14	23,30	44	73,29
15	24,96	45	74,97
16	26,62	46	76,63
17	28,28	47	78,30
18	29,94	48	79,96
19	31,60	49	81,63
20	33,32	50	83,30
21	34,98	51	84,96
22	36,64	52	86,63
23	38,30	53	88,29
24	39,96	54	89,96
25	41,62	55	91,63
26	43,28	56	93,29
27	44,94	57	94,96
28	46,60	58	96,63
29	48,26	59	98,29
30	49,98	60	99,96

Peroxyde de manganèse.	Acide chlorhydrique anhydre.	Peroxyde de manganèse.	Acide chlorhydrique anhydre.
61	101,6	81	134,9
62	103,2	82	136,6
63	104,9	83	138,2
64	106,6	84	139,9
65	108,3	85	141,6
66	109,9	86	143,2
67	111,6	87	144,9
68	113,3	88	146,6
69	114,9	89	148,3
70	116,6	90	149,9
71	118,3	91	151,6
72	119,9	92	153,3
73	121,6	93	154,9
74	123,3	94	156,6
75	124,9	95	158,3
76	126,6	96	159,9
77	128,3	97	161,6
78	129,9	98	163,2
79	131,6	99	164,9
80	133,3	100	166,6

TABLE IX.

Dans laquelle on peut voir quelle quantité d'acide chlorhydrique est employée inutilement dans la décomposition des manganèses impurs. (Voy. § 34).

Acide carbonique obtenu en moins.	Acide chlorhydrique employé inutilement pour 100 parties de peroxyde de maganèse.	Acide carbonique obtenu en moins	Acide chlorhydrique employé inutilement pour 100 parties de peroxyde de manganèse.
3,00	166,6	1,50	83,1
2,95	163,4	1,45	80,3
2,90	160,6	1,40	77,6
2,85	157,9	1,35	74,8
2,80	155,1	1,30	72,0
2,75	152,4	1,25	69,2
2,70	149,6	1,20	66,5
2,65	146,8	1,15	63,7
2,60	144,0	1,10	60,9
2,55	141,3	1,05	58,2
2,50	138,5	1,00	55,4
2,45	135,6	0,95	52,6
2,40	132,9	0,90	49,8
2,35	130,1	0,85	47,0
2,30	127,4	0,80	44,3
2,25	124,6	0,75	41,5
2,20	121,8	0,70	38,7
2,15	119,1	0,65	36,0
2,10	116,3	0,60	33,2
2,05	113,6	0,55	30,4
2,00	110,8	0,50	27,7
1,95	108,0	0,45	24,9
1,90	105,2	0,40	22,1
1,85	102,5	0,35	19,3
1,80	99,7	0,30	16,6
1,75	96,9	0,25	13,8
1,70	94,2	0,20	11,0
1,65	91,4	0,15	8,3
1,60	88,6	0,10	5,5
1,55	85,8	0,05	2,7

ADDITIONS

LA POTASSE.

Si ce n'est plus que dans quelques localités qu'on se livre à la production de la soude par l'incinération des plantes, on continue cependant à demander aux arbres des forêts, la majeure partie de la potasse qu'emploient les arts et l'industrie.

Lorsqu'on opère en grand dans les contrées où le bois est abondant et à bon marché, on se borne à creuser dans le sol de grandes fosses où les bran- chages, les arbustes et souvent les troncs mêmes des arbres subissent l'incinération, après laquelle les cendres sont soumises à des lavages successifs dans des tonneaux en bois ou des bassins en tôle. Ces la- vages se répètent aussi longtemps que le liquide ob- tenu, la *lessive*, marque 15° à l'aréomètre Beaumé. La lessive placée dans des chaudières est évaporée jusqu'à ce qu'elle s'épaississe au point de former du sirop : ce sirop prend le nom de *salin*, lorsqu'après avoir été placé dans de petites chaudières en fonte chauffées dans un four, il est devenu tout à fait solide.

Les essences des bois employés influent beaucoup sur la composition de la partie soluble des cendres. Voici le résultat d'analyses dues à M. Berthier :

	Chêne.	Tilleul.	Bouleau.	Sapin.	Pin.
Potasse avec plus ou moins de chaux. . . .	64,1	60,24	79,5	65,4	57,00
Acide carbonique . . .	24,0	27,42	17,0	30,2	20,75
— sulfurique. . . .	8,1	7,53	2,3	3,1	12,00
— chlorhydrique . .	0,1	1,80	0,2	0,3	6,60
— silicique.	0,2	1,61	1,0	1,0	1,33

Les plantes herbacées donnent beaucoup plus de cendres et, par suite, plus de potasse que les plantes ligneuses.

Pour retirer le carbonate de potasse du salin, on fait dissoudre la masse dans l'eau bouillante et l'on évapore la liqueur jusqu'à ce qu'elle cristallise ; les sels étrangers se déposent en premier lieu, tandis que le carbonate de potasse reste dans les eaux mères.

100 kilogrammes de cendres laissent ordinairement 10 kilog. de salin. La partie insoluble des cendres prend la désignation de *charrée* et cette charrée est employée pour l'amendement des terres.

Voici d'après MM. Moride et Bobierre l'analyse

des charrées de Nantes, de la Rochelle et de la
Flotte.

	Nantes.	La Rochelle.	La Flotte
Matières organiques	9,50	6,00	2,90
Sels solubles dans l'eau . . .	1,05	2,00	3,40
Silice.	13,60	42,70	50,20
Oxyde de fer, alumine et phosphate de chaux	27,30	12,35	10,90
Carbonate de chaux	47,10	34,80	26,60
Magnésie et perte	1,15	2,15	6,00
	100	100	100

« Autrefois, dit M. Léon Droux dans son travail
très-remarquable sur les Produits chimiques [1], le salin était calciné et fondu dans des chaudières en
fonte ; la potasse d'Amérique nous arrive même encore aujourd'hui en morceaux demi-sphériques indiquant d'une façon certaine la fusion subie dans de
petites chaudières à fond sphérique, le mot potasse
provient même de cette façon d'opérer et signifie
cendre de pot (*pot-ash*) ; aujourd'hui, le salin coloré
en brun par des matières organiques et retenant une
forte proportion d'humidité est calciné au rouge
sombre dans un four à reverbère, dans lequel on
produit un brassage fréquent dans le double but de
faciliter l'accès de l'air et de s'opposer à la fusion,

[1] *Annales et Archives de l'industrie au* xixe *siècle, t.* VIII.

tout en granulant l'alcali et en lui donnant la force commerciale.

Les titres alcalimétriques des potasses obtenues par incinération des arbres et broussailles , varient beaucoup d'après les pays de provenance : ainsi, les potasses de Riga ne titrent que de 30 à 50° ; celles de Finlande de 60 à 65 ; la potasse des Vosges descend quelquefois jusqu'à 28° ; celle de la Toscane, qui s'obtient par l'incinération des *maquis*, broussailles, herbages, s'élève au contraire parfois (la sorte grise) à 60°.

Depuis quelque temps, les progrès de la chimie ont fait découvrir une autre source de potasse : l'analyse a constaté que les betteraves et d'autres plantes enlèvent à la terre une grande quantité de sels ; après avoir traité industriellement ces plantes et avoir recueilli leurs produits, le résidu renfermant les sels est soumis à l'évaporation jusqu'à consistance visqueuse dans des chaudières de tôle à fond bombé. Cette masse siropeuse est ensuite calcinée dans un four à reverbère et donne une substance alcaline qui, traitée convenablement par dissolution et par cristallisation, permet d'en séparer les sels neutres, les soudes et les potasses.

Les potasses obtenues de la betterave par l'épuration complète du salin brut, sont extrêmement pures, leur titre alcalimétrique s'élève jusqu'à près de 70°, et elles contiennent jusqu'à 95 0/0 de carbonate de potasse pure.

Le traitement des résidus provenant du soutirage des vins est une autre source de potasse connue sous le nom de *védasse* ou de cendres gravelées. Les lies de vins sont d'abord comprimées et desséchées, puis on les brûle et les cendres recueillies donnent un salin raffiné, d'où l'on extrait une potasse recherchée par les teinturiers.

6000 kil. de lies sèches produisent 1000 kil. de cendres, donnant 500 kil. de cendres gravelées qui doivent se dissoudre dans l'eau en laissant à peine $\frac{1}{16}$ du résidu composé de carbonate et de sulfate de chaüx. Mais, comme le font remarquer MM. Pelouze et Fremy dans leur *Traité de Chimie générale*, ces cendres ne sont pas toujours aussi riches en potasse, parce qu'elles sont préparées non-seulement avec des lies de vin, mais encore avec les marcs, les sarments de vigne et, de plus, elles sont ordinairement falsifiées avec du sable ou de la brique.

On commence aussi à tirer, sur une grande échelle, les potasses des eaux de la mer par un procédé du à M. Balard et mis en pratique dans les salines du bas Languedoc par M. Merle.

Voici quelques indications sur ce procédé :

Les eaux mères des salines, lorsqu'elles ont déposé les quatre cinquièmes de leur sel marin, sont introduites dans un appareil frigorique qui abaisse leur température jusqu'à environ 20°. Le sulfate de soude se dépose d'abord, toute la potasse se sépare ensuite sous la forme de cristaux de chlorure double de potassium et de sodium insoluble dans l'eau froide.

Le sel recueilli est lavé à l'eau froide qui enlève en les dissolvant les sels sodiques, et laisse pur le sel de potasse. La potasse obtenue par ce procédé est peu caustique. Elle titre de 60 à 65°.

Il nous reste à parler d'un dernier mode d'obtenir industriellement la potasse ; il s'agit de l'incinération du suint de la laine de mouton. Ce procédé consiste à laver la toison à l'eau simple. Les eaux du désuintage sont recueillies, et après évaporation on en tire un alcali qui donne une potasse blanche, peu caustique et titrant de 65 à 70°. Ce procédé a en outre l'avantage de donner des produits secondaires : de l'ammoniaque et du gaz d'éclairage.

Voici, d'après M. Pesier, de Valenciennes, la moyenne de la constitution des principales potasses du commerce. (Dans ce tableau, la potasse et la soude sont représentées par leurs équivalents en carbonate) :

MOYENNE DES PRINCIPALES POTASSES DU COMMERCE, D'APRÈS M. PESIER.

PRINCIPES CONSTITUANTS.	TOSCANE.	RUSSIE.	AMÉRIQUE.		VOSGES.	MELASSE DE BETTERAVES.		
			ROUGE.	PERLASSE.		SALIN BRUT.	ORDINAIRE épurée.	ÉPURÉE.
Sulfate de potasse.	13,47	14,11	15,32	14,38	38,84	5,00	2,98	0,70
Chlorure de potassium.	0,95	2,09	8,15	3,64	9,16	17,00	19,69	1,70
Carbonate de potasse	74,10	69,61	68,04	71,38	38,63	35,00	53,00	95,24
Carbonate de soude	3,01	3,09	5,85	2,31	4,17	16,00	23,17	2,12
Résidu insoluble.	0,65	1,24	2,64	0,44	2,66	1,00	»	»
Humidité.	7,28	8,82	»	4,56	5,34	9,00	»	»
Acide phosphorique, silice, chaux, etc .	0,54	1,07	»	3,29	1,20	»	0,26	0,24
	100	100	100	100	100	100	100	100
Degrés alcalimétriques.	56°	53°,1	55°	54°,4	31°,6	59°,7	59°,7	69°,5

Pour compléter nos renseignements sur la potasse, nous avons encore à emprunter quelques renseignements au travail de M. Léon Droux que nous avons déjà cité :

Nous devons à M. Ward un nouveau moyen pour extraire toute la potasse du *feldspath*, au moyen de l'attaque *calcifluorique*. Le traitement direct des roches primitives pourrait aussi nous fournir à bas prix des quantités considérables de potasse, à l'état carbonaté ou caustique, si les moyens indiqués par M. Ward sont susceptibles d'une exploitation commerciale.

L'origine première de la potasse que les végétaux puisent dans le sol est le feldspath. Pourquoi ne pas chercher à en extraire directement cette potasse ? Telle est la base du procédé de M. Ward.

Le sel marin soumis à un traitement chimique, fournit la soude, pourquoi le feldspath, convenablement traité, ne nous abondonnerait-il pas la potasse qu'il renferme ? — M. Ward utilise la grande affinité alcaline de la chaux en la faisant agir sur du feldspath pulvérisé, et en donnant à sa matière la fluidité nécessaire aux réactions par l'emploi du fluorure de calcium. Son moyen de traitement consiste donc à chauffer au rouge un mélange de feldspath, de spath-fluor et de chaux, à transformer la potasse de feldspath en fluorure de potassium.

Ce fluorure de potassium traité par la chaux donne directement de la potasse caustique.

Un fait réellement nouveau s'est présenté à l'Exposition universelle de 1867, relativement à la production de la potasse. Il consiste dans l'exploitation sérieuse des chlorures de *Stassfurt* près de Magdebourg, en Prusse, et il a d'autant plus d'importance que les sources actuelles de production commençaient à nous manquer.

C'est vers 1850 que l'on découvrit, à *Stassfurt*, que, sous la puissante couche de sel gemme existait une couche d'argile renfermant des veines de chlorure de potassium, de sodium et de sulfate de magnésie.

Dès 1861, M. Peters donnait l'analyse suivante des dépôts de Stassfurt :

Chlorure de potassium	19,16
— de sodium	32,84
— de magnésium	17,08
Sulfate de magnésie	15,09
— de chaux	2,04
Matières terreuses, et eau	13,79
	100,00

19,16 de chlorure de potassium correspondent à 12 de potasse.

Dans le même gisement, mais dans des couches supérieures, M. Rose a trouvé :

Chlorure de potassium. 24,26
— de magnésium. 30,58
Eau et divers 45,16
                                                  ———
                                                  100,00

24,27 de chlorure de potassium correspondent à 12,8 de potasse.

Jusqu'en 1860, les sels de Stassfurt n'ont été exploités que comme engrais ; en l'année 1861, 200 tonnes seulement représentent le chiffre de l'extraction; mais, depuis, cette exploitation a pris un développement considérable, et, aujourd'hui, les Allemands construisent de vastes établissements pour l'extraction de la potasse contenue dans ces riches minerais.

Les sels qui se rencontrent dans le puissant dépôt de *Stassfurt* comprennent six substances principales, rangées comme suit :

La *stassfurtite*, variété de boracite ; — la *tachydrite*, chlorure double de calcium et de magnésium ; — la *carnalite*, chlorure double de potassium et de magnésium; — la *kieserite*, sulfate de magnésie ; — le *sel impur*, chlorure de sodium chargé de magnésie ; — enfin le *sel gemme*, dont la couche atteint une épaisseur de 500 mètres sur une surface de 1400 kilomètres carrés.

C'est la carnalite qui est destinée à nous fournir la potasse.

Elle contient, en moyenne, après broyage et triage :

15 à 20 parties de chlorure de potassium ; 20 à 22 chlorure de sodium ; 20 à 25 chlorure de magnésium ; 20 à 25 sulfate de magnésie ; le reste en eau.

Le sel naturel ou minerai broyé est traité en vases clos au moyen de grands appareils en tôle dans lesquels la dissolution s'opère à la vapeur et à l'aide d'un brassage mécanique combiné avec l'agitation causée par l'injection de la vapeur à 3 ou 4 atmosphères de pression.

Dix mille kilog. de *kalisalz* sont dissous dans 8 mètres cubes d'eau et fournissent une liqueur s'écoulant dans les cristallisoirs en tôle.

Par le refoidissement, on trouve dans ces bassins :

1° Au fond, des cristaux contenant environ 60 p. 100 de chlorure de potassium ;

2° Sur les côtés, des cristaux dont la richesse est de 70 p. 100 de chlorure de potassium.

Lavés et égouttés, ils constituent un mélange de cristaux contenant 85 p. 100 de chlorure de potassium.

Le reste est du sel marin. Les sels de magnésie n'ayant pas été dissous, le produit ainsi épuré n'en contient plus.

Les eaux mères évaporées à feu nu ou à la vapeur donnent, après un nouveau refroidissement, un autre chlorure double de potassium et de sodium, d'où l'on extrait de nouveau les sels de potasse par cristallisation en petit.

Tous les chlorures de potassium ainsi obtenus sont desséchés à l'étuve, puis broyés et mélangés pour constituer un ensemble riche à 82 p. 100 en moyenne, et ne contenant plus que 16 de sel marin.

Les fabriques groupées aujourd'hui sur le gisement prussien produisent plus de 1500 tonnes de chlorure de potassium par mois. Le chlorure à 82 p. 100 se vend actuellement à Paris 22 à 25 francs les 100 kilog. Ces chlorures sont ensuite transformés en carbonate de potasse ou en potasse caustique.

Aujourd'hui, grâce à la production des mines de *Stassfurt,* l'épuisement des sources de la potasse n'est plus à craindre ; aussi est-on préoccupé maintenant de trouver des débouchés pour les sels de potasse que ces riches gisements fournissent sous diverses formes.

—

Voici maintenant, d'après M. Payen (*Précis de Chimie industrielle*), les principales applications des potasses :

Fabrication de potassium. — Verrerie, façon de Bohême. — Cristal. — Salpêtre et poudre. — Alun. — Chlorate de potasse. — Prussiate de potasse. — Pierres à cautères. — Savons mous. — Chamoisage des peaux. — Préparations des cordes harmoniques. — Silicate de potasse. — Dessications, analyse pour déterminer l'azote, etc.

Les potasses ont de plus quelques usages qui leur sont communs avec les soudes, notamment : dans les verreries ; pour le blanchiment des toiles ; pour l'affinage de la batiste ; chlorures désinfectants ; essais des tissus, fil, coton, soie, laine ; eau seconde ; dégraissage des laines ; épuration des eaux séléniteuses ; cendres dans l'amendement des terres ; conservation de menus objets en fer ; essais alcalimétriques, etc.

NOTE II.

LA SOUDE.

L'extraction de la soude naturelle des plantes recueillies sur les bords de la mer ou dans les terrains
salés, est une opération des plus simples : les plantes
sont d'abord desséchées, puis elles sont placées dans
des fosses creusées dans le sol et on y met le feu, que
l'on a soin d'entretenir. Lorsque les cendres se sont
agglomérées, après l'extinction des feux, il faut un
merlin pour en détacher les morceaux. Ces morceaux sont livrés au commerce sans autre préparation.

L'extraction de la soude des varechs est aujourd'hui généralement abandonnée ; cependant on
continue dans quelques localités à se servir de ce
procédé, afin de retirer des soudes de varechs, le
sulfate et le chlorure de potassium que l'on extrait
en profitant des différences de solubilité que pré-
sentent ces sels.

Voici, d'après M. Gérardin, la composition des
sels raffinés de varechs de Cherbourg et de
Granville.

	Cherbourg.		Granville.
	1	2	
Eau	5,00	8,00	5,00
Sulfate de potasse	22,19	42,54	13,50
Chlorure de potassium. .	16,00	19,64	15,60
Sel marin	45,78	25,38	65,68
Carbonate de soude. . . .	9,53	3,71	0,22
Matières insolubles	1,50	0,73	»
Iodures solubles.	traces	traces	traces
	100	100	100

La soude artificielle provient, on le sait, d'une décomposition du sel marin. Au début de ses essais, Leblanc procédait à cette décomposition par l'acide sulfurique dans un four à reverbère chauffant en dessous une chaudière en plomb encastrée dans la maçonnerie ; mais il reconnut plus tard que son procédé était incomplet.

« L'acide chlorhydrique résultant de la réaction, dit M. Payen, était entraîné avec les gaz de la combustion soit dans une cheminée haute qui les disséminait dans l'atmosphère, soit dans une grande chambre en plomb ou des vapeurs ammoniacales provenant de la calcination des matières animales dans des cylindres en fonte, donnaient lieu à la formation du sel ammoniac brut. On ne pouvait achever la décomposition du sel par l'acide sulfurique dans la chaudière en plomb : lorsque le mélange était devenu pâteux, on le retirait au dehors sur des dalles en pierre siliceuse. Il se dégage dans cette manipulation des torrents de gaz et vapeurs acides très-incommodes et insalubres, pour les ouvriers ; par le refroidissement, la matière se prenait en masses : on les concassait au merlin pour introduire les fragments dans un dernier four à reverbère tou^t en briques, où la décomposition s'achevait à une plus forte température et donnait le sulfate de soude calcinée, plus ou moins riche, suivant la quantité du sel marin et la proportion d'acide sulfurique employé. — Pour transformer ensuite le sulfate en carbonate, Leblanc imagina d'ajouter de la craie (carbonate de chaux) au mélange de sulfate et de charbon qu'on avait essayé dans le même but. »

Voici comment l'on opère aujourd'hui dans les principales usines :

La décomposition du sel marin s'opère dans des cylindres en fonte ou dans des fours à reverbère. Les séries de cylindres sont placées horizontalement dans un four à voûte ; dans chaque cylindre, on introduit dans certaines proportions de sel marin, de l'acide sulfurique et de l'eau, et l'on obtient du sulfate de soude et de l'acide chlorhydrique en dissolution dans l'eau à la densité à 22°. Le sulfate de soude, extrait des cylindres ou des fours à reverbère est déposé sur une sole en pierre siliceuse sur laquelle il se refroidit.

Dans le procédé à fours à reverbère, on construit au moins deux de ces fours. La fabrication de la soude a lieu dans le premier qui est le plus rapproché du foyer ; la décomposition du sel marin par l'acide sulfurique est opérée dans le four suivant.

Les réactions sont toujours les mêmes. M. Léon Droux les décrit de la manière suivante :

Le sulfate de soude concassé est réduit en poudre grossière, et mélangé avec de la craie et du poussier de bois ou de la houille pulvérisée dans le rapport de :

$$\left.\begin{array}{l} 100 \text{ de sulfate de soude . .} \\ 100 \text{ de craie . . . .} \\ 55 \text{ de charbon . . . . . .} \end{array}\right\} \text{pulvérisés et mélangés.}$$

Ce mélange est projeté dans un four à reverbère porté au rouge vif ; on étend ces matières sur la sole du four, en ayant soin d'étendre la couche régulièrement. Dès que la croûte supérieure du mélange commence à fondre, on sillonne la matière à l'aide de *ringards*, sorte de râteaux en fer, à deux larges dents écartées. Cette opération a pour but de mélanger les parties liquéfiées ou pâteuses avec celles qui sont encore pulvérulentes, de s'opposer

aussi à l'entraînement dans la cheminée, et de préparer la fusion des couches inférieures.

On laisse une seconde fois la fusion se propager,
puis on sillonne encore, après quoi on active le feu
et le tirage en ouvrant le registre de la cheminée.

Une troisième reprise semblable amène bientôt la
totalité du mélange à un état pâteux ; dès lors on
favorise la fusion, en agitant toujours avec des ringards par chaque porte du four, de manière à re-
nouveler les surfaces et à faire pénétrer partout la
chaleur. La matière devient bientôt plus fluide, des
bulles de gaz (oxyde de carbone, hydrogène car-
boné, hydrogène sulfuré) se dégagent avec une grande
énergie, et viennent s'enflammer à la surface du mélange, qui semble bouillonner, et comme surmonté
d'une infinité de petits cratères par où s'échappent
les gaz à flammes blanches ou bleuâtres.

Il convient alors de brasser le plus possible et de
hâter le terme de l'opération, afin d'éviter une perte
de soude par la volatilisation, et une fusion complète
de la matière qui, ne restant plus poreuse, serait
difficile à broyer, à hydrater et à lessiver.

On se hâte de tirer la soude du four, dès que la
matière, étant assez fluide, le nombre et l'étendue
des jets de flamme ont beaucoup diminué.

Attirée par de larges râcloirs en fer vers les por-
tes du four, elle tombe dans de petites brouettes
également en fer, qui vont la déverser sur une aire
en pierre où elle se refroidit.

On recharge alors le four comme la première
fois. Ce travail continue jour et nuit sans interruption, de même que les fours à sulfate, jusqu'à ce
que des réparations indispensables forcent d'arrêter.

Une charge se compose, en moyenne, d'environ
2500 kilogrammes de matière mélangée, et de 150
kilogrammes d'eaux mères provenant du raffinage.
On brûle pour le chauffage , en 24 heures, 2800 à
3000 kilogrammes de houille. Le service est fait
par six chauffeurs et six servants , qui forment
trois brigades, se relayant de huit en huit heures.
On compte 30 minutes pour introduction et étalage
du mélange, 30, 25 et 20 minutes pour 1er, 2e et 3e
brassages, 20 minutes pour dernier brassage et
pour retirer du four : le travail est donc de 135
minutes ; le repos, dans les intervalles, est de 150
minutes, la durée totale d'une cuite étant de quatre
heures.

On fait en 24 heures six opérations, qui donnent chacune de 1500 à 1600 kilogramnes de
soude brute, à 38° de l'alcalimètre. (*Payen.*)

Il existe plusieurs autres procédés de fabrication de la soude artificielle.

Dans une usine importante, à Charck, près de Manchester, le procédé repose sur la transformation du sulfate de soude en une soude ferrugineuse. Il dispense de l'emploi de la chaux et de la craie, et écarte complétement la production de l'oxysulfure de calcium qui occasionne, dans beaucoup de fabriques, des pertes et des inconvénients.

M. Turck a découvert un procédé consistant à mélanger des dissolutions de sel marin et de bicarbonate d'ammoniaque : du bicarbonate de soude se précipite, et il reste dans la liqueur du chlorhydrate d'ammoniaque. On fait égoutter le résidu et on le soumet à des lavages méthodiques qui sont continués jusqu'au moment où les liquides de lixiviation ne marquent plus que 10 à 11°.

Le bicarbonate de soude ainsi purifié est amené par la calcination à l'état de sel de soude titrant 90 à 95°. Les eaux de lavage sont traitées par du chlorure de calcium qui réagit sur le bicarbonate de soude entraîné ; il se forme du chlorure de sodium, qui peut servir de nouveau à la fabrication. Le chlorhydrate d'ammoniaque, obtenu à l'état sec, est traité par du carbonate de chaux. On a ainsi du sesquicarbonate d'ammoniaque que l'on transforme en bicarbonate en l'exposant au courant d'acide carbonique qui résulte de la décomposition du bicarbonate de soude dans le four à reverbère.

M. Schlœsing fait arriver simultanément du gaz ammoniac et de l'acide carbonique dans une dissolution contenant 30 p. 0/0 de sel marin. La rencontre de ces gaz engendre du bicarbonate d'ammoniaque qui réagit sur le sel marin en donnant naissance à de petits cristaux de bicarbonate de soude.

Le bicarbonate de soude, après avoir été séché, est décomposé dans un cylindre horizontal, et l'acide provenant de cette décomposition est reçu dans un gazomètre.

Les eaux de lavage contenant du carbonate et du chlorhydrate d'ammoniaque, du chlorure de sodium et de l'acide carbonique sont amenées dans un cylindre et dirigées ensuite à travers un serpentin chauffé. L'acide carbonique se dégage promptement et est aussi recueilli dans un gazomètre.

Les liqueurs privées d'acide carbonique sont traitées par un lait de chaux qui élimine l'ammoniaque qu'on renvoie dans les cylindres. Il ne reste plus dans la dissolution que du chlorure de sodium qu'on retire par évaporation.

M. Wilson indique aussi un procédé pour fabriquer le carbonate de soude en traitant le sulfure de sodium par le bicarbonate de soude. Le sulfure de sodium est obtenu en faisant couler du sulfate de soude sur une colonne de coke, ou de houille, maintenue au rouge clair. Il se dégage de l'oxyde de carbone et de l'acide carbonique : ce dernier gaz préablement purifié est utilisé pour produire le bicarbonate de soude qui doit servir à décomposer le sulfure de sodium.

M. Hunt indique un procédé pour fabriquer le carbonate de soude en mélangeant le sulfate de soude avec de la houille ou du coke, dans la proportion de 4 parties du premier pour 3 parties du second. La fusion du mélange donne un sulfure de sodium souillé par du coke. Après refroidissement, on casse le sulfure en morceaux qu'on place dans des récipients au milieu desquels on dirige un courant d'acide carbonique en même temps qu'une petite quantité de vapeur d'eau : par la décomposition, il se forme du carbonate de soude et de l'hydrogène sulfuré qui se dégage, tandis qu'une petite quantité de soufre libre reste mélangée à du carbonate de soude et au coke.

On lessive à l'eau chaude le carbonate obtenu

pour le séparer du soufre et du coke, et il ne reste plus alors qu'à faire évaporer la liqueur pour recueillir le sel alcalin par cristallisation. L'hydrogène sulfuré qui résulte de cette opération est converti, par la combustion, en acide sulfureux que l'on dirige dans la chambre de plomb pour le transformer en acide sulfurique.

Le soufre libre qui se trouve mélangé au coke après la séparation du carbonate de soude peut être recueilli par distillation. Le coke qui reste dans les cornues sert, avec du coke frais, à décomposer de nouvelles quantités de sulfate de soude.

C'est par ces divers procédés, mais principalement par celui de Leblanc, modifié comme nous l'avons indiqué, que sont produites chaque jour ces immenses quantités de soude qui viennent, pour la majeure partie, servir à la préparation du sel de soude ; à la fabrication des cristaux de soude ; à la confection des savons ; au blanchissage du linge ; à la fabrication des bouteilles.

Nous nous arrêterons un moment sur le raffinage qui transforme la soude brute en sel de soude ou carbonate de soude épuré.

On procède d'abord au broyage de la soude brute dans un moulin qui la réduit en une espèce de poudre grossière ; cette poudre est lessivée de manière à en extraire par l'eau toutes les parties solubles. Le procédé considéré comme le meilleur, est celui dit du lessivage méthodique qui consiste à épuiser la soude en la plongeant successivement dans des eaux de plus en plus faibles, et enfin dans de l'eau pure, pendant que celle-ci, suivant une direction inverse, se charge de plus en plus avant d'arriver à des chaudières évaporatoires.

Ces chaudières sont de grandes bassines en tôle placées à la suite d'un four à reverbère de manière à être chauffées par sa chaleur perdue. Le liquide en se concentrant laisse déposer du carbonate de soude sur le fond de la chaudière d'où il est enlevé à l'aide d'une écumoire, et on le place sur une trémie pour le faire égoutter. Le séchage est complété en plaçant le sel obtenu après l'égouttage sur des plaques de tôle chauffées.

Outre les usages communs aux soudes et aux potasses que nous avons indiqués plus haut, les soudes sont encore appliquées à la fabrication du sodium, du carbonate cristallisé, du carbonate sec, du bicarbonate de soude, du borax, de l'aluminate de soude, et de l'alumine soluble dans l'acide acétique.

On les emploie à la préparation des tartrates,

phosphates, sulfates et aux sels de soude ; à la préparation des laques et teintures ; à la fabrication de la gobeletterie et des verres à vitres, des glaces, des savons, etc., etc.

M. Payen évalue à 90 millions de kilogrammes la soude brute ou leur équivalent en sel de soude, que l'industrie soudière livre annuellement en France au commerce et à l'industrie ; en Angleterre, où l'industrie soudière est très-développée, la production annuelle est de 150 millions de kilogrammes ; enfin, pour le monde entier, elle dépasserait annuellement 300 millions de kilogrammes de soude brute.

—

Un nouveau système d'appareils de lixiviation ou de lavage méthodique a figuré à l'Exposition de 1867 dans la section belge. Voici comment s'exprime l'auteur de cet appareil, M. Havrez :

Les recherches faites depuis un demi-siècle dans le but d'extraire économiquement les principes solubles, ont finalement conduit à adopter un déplacement en sens inverse (dit méthodique) du liquide dissolvant et de la substance à lessiver. Ces substances sont notamment : la terre salpêtrée, la soude brute, la pulpe sucrée de betteraves, les copeaux de bois colorants, les cendres de bois, le ferrocyanure brut, les graines oléagineuses, la laine en suint, le sel gemme, les terres alunifères, grillées, les os grillés, les mattes cuivro-argentifères sulfatées par grillage (procédés d'Augustin et de Ziervogel).

Ce déplacement a d'abord été obtenu en faisant descendre le liquide suivant un plan incliné, tandis que le solide logé dans des caisses perforées était, par intervalles, avancé vers le haut du plan incliné. — Ainsi, le liquide pur qui entre commence à se charger en dépouillant la substance épuisée de ses dernières parcelles solubles ; il se charge de plus en avançant à l'encontre de parties de plus en plus solubles, et il sort en se saturant par son passage sur la substance qui entre toute chargée.

Un progrès important a été réalisé dans les dernières années : on a laissé le solide immobile, mais on a changé continuellement les points d'arrivée et de sortie du liquide, en approchant chaque fois son entrée de la partie devenue la plus épuisée, et sa sortie du point le plus chargé.

Dans cette disposition, les cuves posées au même niveau sont reliées entre elles de manière à communiquer méthodiquement ; à cet effet, elles sont

munies chacune de quatre tuyaux obstruables ; le
premier amène au haut de chaque cuve le liquide
déjà chargé venu du bas de la cuve précédente où
est une substance relativement épuisée ; le deuxième
tuyau prend au bas de chaque cuve le liquide le
plus lourd, le plus chargé, pour le conduire au
haut de la cuve suivante qui contient une substance
relativement riche ; le troisième tuyau est destiné à
déverser le liquide pur dans la cuve, lorsqu'après
le passage de liquides de moins en moins chargés,
la substance s'y trouve presque épuisée et doit être
d'abord traversée par le liquide en circulation. (Ces
trois tuyaux sont obstrués quand on décharge et
qu'on remplace la substance épuisée.) Le quatrième
tuyau est un siphon de vidange qui soutire de la
cuve le liquide propre à l'emploi, lorsque cette cuve,
venant d'être chargée de substance riche, est la
dernière traversée par le liquide à saturer.

Ainsi, pour douze cuves de lavage, il faut le nombre élevé de quarante-huit bouts de tuyaux, munis
de trente-six obturateurs. Cette complication est
coûteuse d'installation et presque irréalisable pour
le cas d'un appareil de petites dimensions ; elle exige
aussi la présence d'ouvriers intelligents.

L'emploi d'un seul robinet distributeur au lieu

des trente-six obturateurs et des quarante-huit bouts de tuyau, devait amener une foule d'avantages (économie de main-d'œuvre et de frais d'établissement, sécurité et simplicité de l'installation et du service, faculté d'employer ce lessivage dans les industries chimiques où il est aujourd'hui peu praticable).

Aussi, nous avons cherché avec persévérance à surmonter les obstacles que présentait la constitution d'un tel robinet ; les qualités suivantes qu'il devait posséder étaient multiples et difficiles à réaliser : il devait ne faire communiquer méthodiquement qu'une série de cuves, tout en isolant successivement celle en déchargement, et cela *quelles que fussent les hauteurs pressantes des liquides* contenus dans les cuves voisines, il fallait qu'il les mît l'une après l'autre en relation avec l'entrée du liquide pur, ou avec la sortie du liquide saturé ; il ne devait pas s'opposer à la marche des liquides par des rétrécissements ou des coudes brusques, il devait s'appliquer à un nombre quelconque de cuves, être facilement enlevé et visité, être manié sans erreur même par un ouvrier peu intelligent.

Les premiers systèmes imaginés employaient des robinets hauts et compliqués. Une amélioration qui

fut d'abord introduite consistait dans la pose des cuves de lavage tout contre le robinet dont leurs parois
successives constituaient l'enveloppe. Les cuves
formaient ainsi une vaste circonférence et leur séparation était constituée par des cloisons rayonnantes
allant du robinet jusqu'à la paroi extérieure.

Enfin, nous avons obtenu un robinet d'une grande
simplicité, n'exigeant plus pour sa construction
l'emploi d'un appareil spécial d'alésage. Ce robinet,
exécuté par MM. *Jaspar* et *Rose*, a été adapté au
centre de douze bacs formant un ensemble circu-
laire de 3 mètres de diamètre et de 1 mètre de
haut. Il a fonctionné d'une manière parfaite et sert
à extraire par l'eau le suint soluble hors des laines
brutes.

L'appareil (voir les pages suivantes [1]) offre les
trois pièces principales suivantes :

1° Un bac BB (*fig.* 1 et 2) en tôle de 3 mètres de
diamètre et de 1 mètre de haut, divisé en douze
compartiments égaux par douze cloisons rayonnantes r, r, et dont le fond est percé au centre d'une
ouverture de 0^m, 33 de diamètre.

---

[1] Les figures que nous publions sont empruntées aux *Annales et Archives de l'industrie au XIX siècle*. (Etudes sur l'exposition de 1867.)

2° Un cylindre C en fonte (*fig*. 1, 2 et 3) qu'on
enfile au centre du bac. Il est percé au bas de douze

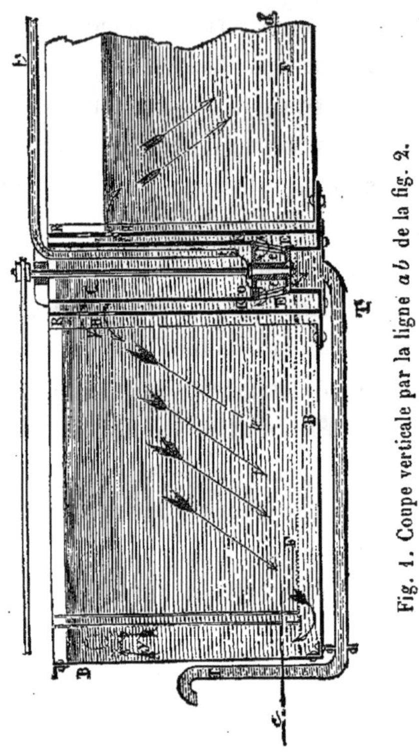

Fig. 1. Coupe verticale par la ligne *a b* de la fig. 2.

ouvertures E et forme en ce point la boîte conique
du robinet. Il porte deux crêtes RR rayonnantes
auxquelles se boulonnent les tôles *rr*, intercalées

entre les cuves. Six tuyaux KK destinés à faire
remonter les liquides d'un bac à l'autre, sont mé-

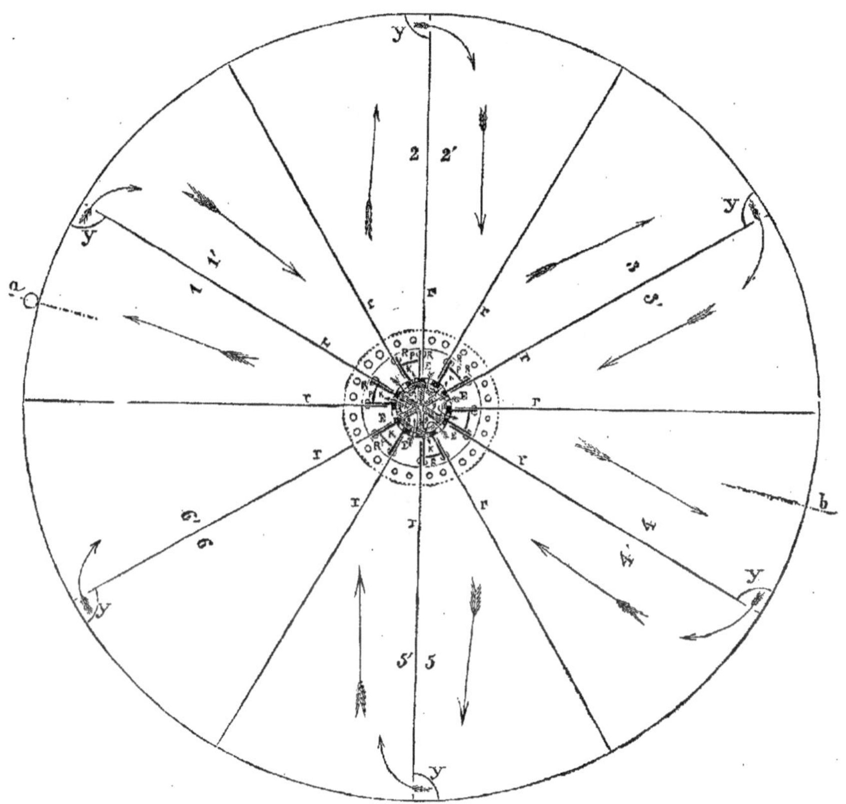

Fig. 2. Coupe horizontale par la ligne *cd* de la fig. 1.

nagés entre le cylindre C, les crétes R,R, et des

plaques *pp* qui les relient alternativement. Au bas

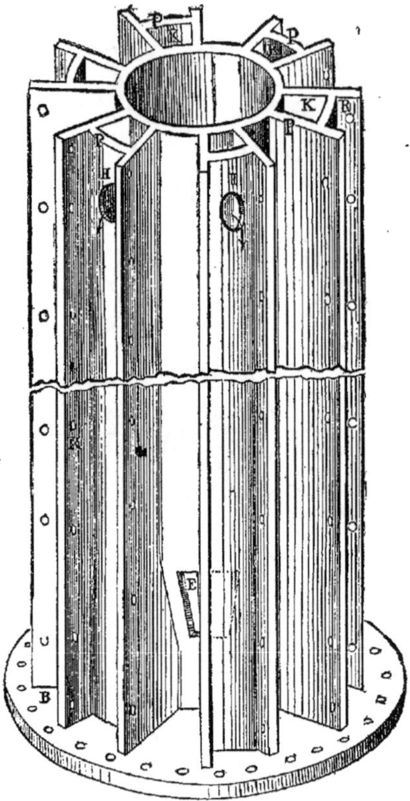

Fig. 3. Pièce en fonte *c*.

de cette pièce, est un rebord en fonte destiné à supporter, en s'y boulonnant, la tôle du fond du bac. (Toutes ces parties sont coulées d'un jet.)

3° Un gros robinet conique en fonte (*fig.* 4, 1 et 2)

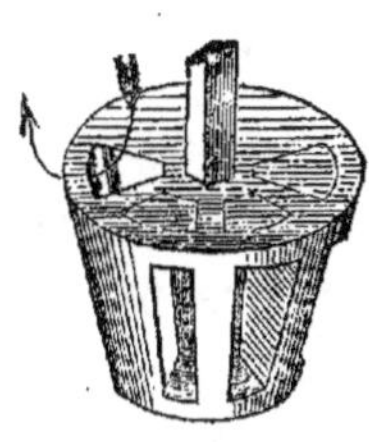

Fig. 4. Robinet.

divisé par les six plaques rayonnantes *gg* en six loges égales et munies chacune de deux ouvertures. La première loge, où entre le liquide pur, a une ouverture vers le haut, une au pourtour ; les quatre loges suivantes ont les deux ouvertures au pourtour, elles font communiquer deux cuves entre elles (les deux ouvertures peuvent être réunies. (Voir la *fig.* 3.)

La sixième loge qui sert pour la sortie du liquide a une ouverture au pourtour et une dans la plaque de dessous pour communiquer avec le tuyau TT de sortie boulonné sous la boîte du robinet.

Suivons la marche de l'eau à travers toutes les pièces. (Des flèches indiquent cette circulation, *fig.* 1 et 2.) En *c* cylindre central et au-dessus du robinet arrive l'eau pure amenée par le tuyau *tt.*

Par l'ouverture *o*, cette eau pénètre dans la première loge du robinet, elle en sort au pourtour par *e*, traverse le trou fixe E, monte dans le tube carré

K, et par le trou *h* de ce tube pénètre dans la première cuve 1 remplie de la substance la plus lessivée. — L'eau parcourt cette cuve de haut en bas et en s'éloignant du centre ; elle en sort près de la paroi extérieure par un tuyau V (il peut la prendre au bas sous une sorte de double fond F) ; il l'amène au haut du bac 1, qu'elle traverse aussi de haut en bas en se rapprochant du centre. Là elle pénètre par E à travers le cylindre fixe C, rentre dans la deuxième loge du robinet, en sort pour remonter dans le tuyau suivant K, entre dans le bac 2, et parcourt ainsi successivement chaque bac de haut en bas ; elle traverse finalement le bac 5, plein de matière récemment chargée et par ρ rentre dans la loge (sixième) du robinet, percée en dessous, qui n'offre aucune ouverture pour laisser remonter le liquide dans le bac suivant *ii* isolé ; la solution tombe dans le tuyau T.

Après quelque temps, la cuve isolée *ii* ayant été remplie de substance riche, le robinet est tourné de manière que l'orifice ρ de sortie soit posé vis-à-vis de l'ouverture E de cette cuve alors la plus récemment chargée ; en même temps les compartiments 1, 1! rendus isolés deviennent aptes à être déchargés ; le liquide qui s'y trouve est déversé par un seau dans la cuve 22, alors la première est traversée par le liquide pur.

Ainsi, le robinet par une simple succession de sixièmes de tours :

1° Introduit successivement le liquide pur au haut de la série 1, 2, 3, alternative des cuves à mesure qu'elles contiennent une matière presque épuisée ;

2° Il reprend méthodiquement au bas de chaque cuve intermédiaire 1', 2', 3', les liquides chargés ;

3° Il les reporte au haut des compartiments suivants remplis d'une matière plus riche ;

4° Il isole successivement chaque double cuve pendant qu'on y remplace la matière épuisée ;

5° Il relie chaque cuve au tuyau TT de sortie lorsqu'elle contient la matière nouvellement chargée et qu'elle laisse sortir le liquide le plus enrichi.

Tous les bons effets de la substitution d'un seul robinet à trente-six obturateurs sont donc obtenus.

M. Havrez annonçait qu'il pouvait construire cet appareil, moyennant une dépense de 1200 à 1500 francs, y compris la licence de son brevet.

Ce système présente donc au moins l'avantage du bon marché. C'est ce qui nous a engagé à donner à sa description la place que nous lui avons consacrée.

RENSEIGNEMENTS

Analyse qualitative des soudes brutes et des soudes caustiques, par Ferdinand Jean.

Il est souvent important de déterminer la quantité de soude caustique, de carbonate, de sulfate de soude et de sulfure de sodium contenue dans les soudes brutes ou dans les soudes caustiques. Le titrage alcalimétrique de Gay-Lussac, qui donne de bons résultats lorsqu'il s'agit de trouver le titre pondéral d'une matière ne contenant que du carbonate et de la soude caustique, ne peut être employé dès que la matière sodique renferme du sulfure de sodium, parce que ce sel est titré à peu près comme la soude. Les autres procédés indiqués pour ces sortes d'analyses ne donnent pas des résultats plus satisfaisants. En effet, si on dissout la matière sodique dans l'alcool fort, on sépare bien le carbonate de soude ; mais l'alcool dissout aussi, avec la soude caustique, tout le sulfure de sodium. Si donc on titre cette liqueur alcoolique, on trouve toujours un titre trop élevé. Il en sera de même, si on précipite le carbonate de soude par un excès de chlorure de baryum, et si l'on titre la soude dans la liqueur filtrée.

Le procédé de M. Barreswil offre le même inconvénient, puisqu'il consiste à précipiter le carbonate de soude par le chlorure de baryum en excès, puis à faire passer un courant d'acide carbonique dans la liqueur filtrée, ce qui détermine une précipitation de carbonate de baryte correspondant à la soude caustique ; le sulfure de sodium se décompose sous l'influence du carbonate de baryte. Avec ce procédé, on trouve donc aussi des résultats qui s'éloigneront d'autant plus de la vérité que la matière sodique analysée renfermera plus de sulfure de sodium.

J'emploie pour le dosage des soudes brutes et des soudes caustiques un procédé très-simple, qui m'a toujours donné de bons résultats ; il pourra, je l'espère, rendre quelques services aux chimistes analystes : c'est ce qui m'engage à le publier.

Voici comment il se pratique : Peser 4 grammes de la matière sodique à analyser, et la dessécher complétement à une température de 110 à 120 degrés.

La différence entre les deux pesées indique la quantité d'eau. Peser 1 gramme de cette matière desséchée et l'introduire dans un tube au travers duquel passe un courant de gaz acide carbonique *sec*. Après

y avoir laissé l'essai pendant une demi-heure, le retirer et le soumettre dans une étuve, pendant quelques
minutes, à une température de 110 degrés, pour
chasser quelques traces d'acide carbonique que la
matière retenait mécaniquement. Jeter alors l'essai
sur un filtre et l'épuiser par un lavage à l'eau distillée tiède (32 degrés), jusqu'à ce que l'eau de lavage
ne précipite plus par le chlorure de baryum. On recueille la liqueur filtrée dans un ballon à fond plat,
puis on la précipite par une solution de chlorure de
baryum. Laisser reposer, puis enlever le liquide à la
pipette et recueillir le précipité de carbonate de baryte sur un filtre taré, laver à l'eau bouillante, sécher
le filtre et en prendre le poids. Si la matière sodique
renferme des sulfates solubles, l'acide sulfurique est
précipité avec le carbonate de baryte à l'état de sulfate. Dans ce cas, on dissout le précipité sur le filtre
avec quelques gouttes d'eau additionnées d'acide
chlorhydrique, on lave et sèche le filtre, et on en
prend de nouveau le poids qui donne la quantité de
sulfate de baryte.

On a donc déjà les éléments de calculs pour l'eau,
l'acide sulfurique et la quantité totale de soude.

Pour doser le carbonate de soude, on pèse 1 gramme
de l'essai desséché, on le dissout dans l'eau et on pré-

cipite la liqueur filtrée par du chlorure de baryum ; on recueille le précipité sur un filtre, et, après l'avoir lavé et séché, on en prend le poids, duquel on déduit le poids du sulfate de baryte trouvé dans le premier dosage. On a donc une quantité de carbonate de baryte correspondant au carbonate de soude contenu dans l'essai.

La différence entre les poids de carbonate de baryte trouvé dans les deux essais indique la quantité de carbonate de baryte qu'il faut transformer, par le calcul, en soude caustique ; le second essai a donné la quantité de carbonate de soude.

Pour déterminer le quantum de sulfure de sodium contenu dans la matière sodique, on pèse de nouveau 1 gramme de l'essai desséché, on le dissout dans l'eau et on prend le titre pondéral par la méthode de Gay-Lussac. Admettons que le titrage ait donné une quantité de carbonate de soude égale à A, et que dans le dosage nous ayons trouvé B de soude caustique et C de carbonate de soude. Transformons par le calcul B de soude caustique en C' de carbonate de soude ; $C' + C = C'''$, quantité totale de carbonate de soude indiquée par le dosage. La différence entre la quantité A de carbonate de soude indiquée par le titrage et celle de C''' trouvée dans le dosage indique la quantité de carbonate de soude qui doit être calculée en sulfure de sodium.

Ce procédé permet donc d'obtenir rapidement la quantité de soude caustique, de carbonate, de sulfate et de sulfure de sodium contenue dans un mélange.

Note sur un nouveau procédé de fabrication du sulfure de sodium, par Ferdinand Jean.

Lorsque l'on cherche à préparer de grandes quantités de sulfure de sodium en décomposant à une température rouge le sulfate de soude par le charbon, on rencontre de graves difficultés. Le sulfure obtenu par ce moyen est coloré en vert foncé par du sulfure de fer soluble dans le sulfure de sodium ; il contient, en outre, une forte proportion de sulfate indécomposé, du silicate et de l'aluminate de soude, dus à l'action du sulfure de sodium sur les matériaux dont sont formés les appareils où se fait la décomposition du sulfate. Si, à ces inconvénients, on ajoute encore la difficulté de pulvériser de grandes masses d'un produit qui donne une poussière d'une causticité extrême et celle de la purification du sulfure en présence du sulfure double de fer et de sodium, qui se dépose au fur et à mesure de la concentration des liqueurs, on comprendra que ce sel n'a pu jusqu'à présent être fabriqué économiquement.

Persuadé que le sulfure de sodium est appelé à remplacer avec avantage le carbonate de soude dans un grand nombre d'applications, je me suis attaché à aplanir les difficultés que présente sa fabrication et à la rendre véritablement industrielle. Après plusieurs essais, je me suis arrêté à un procédé de fabrication qui atteint parfaitement le but que je m'étais proposé.

Il consiste à décomposer dans un four à soude ordinaire un mélange formé de 25 kilogr. sulfate de soude sec, de 75 kilogr. sulfate de baryte, de 10 kilogr. charbon de bois en poudre et 15 kilogr. houille tamisée. De temps en temps, on prend un échantillon du mélange ; on le dissout dans un peu d'eau distillée ; on filtre, et on verse dans la liqueur filtrée une goutte d'une solution de sulfate de soude ; dès qu'il se forme un précipité de sulfate de baryte, l'opération est terminée.

On procède alors au défournement du sulfure ; cette opération se fait rapidement à l'aide d'étouffoirs en tôle, dont la disposition spéciale a pour but d'éviter que le sulfure ne se transforme en hyposulfite au contact de l'air. Lorsque l'opération a été bien conduite, [la masse n'est presque pas agrégée et n'adhère nullement aux parois du four ; on n'a donc plus à craindre la détérioration des appareils, ce qui est un point important.

La décomposition du mélange peut se faire aussi très-facilement dans des creusets analogues à ceux qui servent à fabriquer le sulfure de baryum.

Le sulfure brut, à sa sortie des étouffoirs, est versé dans des cuves en tôle, et porté quelque temps à l'ébullition avec de l'eau à laquelle on a ajouté une petite quantité de sulfate de soude, destiné à précipiter le sulfure de baryum en excès. On laisse déposer le sulfate de baryte ; puis on siphonne les liqueurs renfermant le sulfure de sodium, et on les porte aux chaudières évaporatoires pour les concentrer et les faire cristalliser, ou mieux encore les évaporer à siccité pour obtenir le sel anhydre.

Le sulfate de baryte resté en résidu est égoutté, séché à la chaleur perdue du foyer, et rentre ensuite dans le courant de la fabrication.

Le sulfure de sodium obtenu par ce procédé est exempt de sulfate, de sulfure de fer, de silice et d'alumine. Aux avantages que présente ce mode de fabrication, il faut encore ajouter que le four n'est point attaqué, et que la pulvérisation du produit devient inutile, puisque la masse retirée du four est à l'état pulvérulent.

Dès que le sulfure de sodium peut être fabriqué à un prix peu élevé (8 fr. les 100 kilogr.), il est avantageux de l'employer à la fabricatiou des silicates, aluminates, hyposulfites, de la soude et à quelques sulfures doubles, qui, en ces derniers temps, ont trouvé une application dans le mordançage des tissus.

En remplaçant dans le mélange le sulfate de soude par le sulfate de potasse, on obtiendrait un sulfure de potassium qui trouverait un débouché très-important pour la fabrication du cyanoferrure de potassium (procédé Gelis) et pour la préparation des bains de Barèges artificiels.

INDICATIONS PRATIQUES

à l'usage des personnes qui emploient des potasses

Par F. Blumauer

———

La production et le commerce des potasses ont subi tant de changements depuis le commencement de ce siècle, que les dénominations habituelles ne s'accordent plus avec les noms industriels, non plus que les appellations que l'on rencontre dans les anciens ouvrages qui traitent des potasses. Autrefois, on ne connaissait comme mode de production des potasses que l'incinération du bois qui ne donne vraiment de bénéfices que dans les endroits où les forêts occupent une grande étendue, et encore lorsque la difficulté des moyens de communication empêche le transport du bois. De nos jours, de telles conditions deviennent de plus en plus rares, tandis qu'aujourd'hui, on applique partout les règles fondamentales de la chimie qui ordonnent de tirer parti de tous les résidus de fabrication. A toutes ces considérations, il faut ajouter l'influence considérable qu'exerce le dépôt salin de Stassfurt, qui fournit 10 pour cent de sel de potasse.

Aujourd'hui, la potasse est un article pour lequel il devient indispensable, mais pénible, de rechercher la valeur commerciale, c'est-à-dire la teneur en carbonate de potasse, et les savonneries surtout sont exposées à perdre beaucoup en achetant quelquefois bon marché, surtout les potasses qui, en réalité, leur reviennent très-cher. La difficulté de cette analyse a beaucoup augmenté de nos jours, car les potasses qui proviennent de la fabrication des alcools de betteraves renferment jusqu'à 15 pour cent de carbonate de soude dont la recherche exige des connaissances chimiques spéciales. Il est très-facile d'arriver rapidement à la détermination de la teneur en alcali ou en carbonate d'une potasse de commerce lorsque l'on emploie l'appareil d'analyse du pharmacien Hesle, à Pulsnitz près Dresde. Cet appareil fort peu coûteux, renferme tous les objets nécessaires à une analyse de ce genre en même temps qu'une instruction suffisante. Un exemple montrera combien on peut arriver rapidement. Une potasse russe de bonne apparence était offerte à 36 fr., tandis qu'une potasse allemande d'aspect tout à fait semblable était donnée à 40 fr. La première contenait 49 pour cent d'acide carbonique et d'alcali caustique, tandis que la seconde en avait 73 pour cent ; par suite, la vraie valeur de la première ne différait que de 28 fr. de celle de la potasse allemande. Il est vrai que la potasse allemande contenait 13 pour cent de carbonate de soude, tandis que la potasse russe n'en avait que 9. Cette différence est compensée par la grande quantité de silicate de potasse enfermée dans la potasse russe et qui est inutile pour la fabrication de savon.

On peut juger de la valeur comparative des sortes de potasses les plus employées d'après le prix auquel on peut se les procurer dans les fabriques de l'Allemagne centrale. La potasse n° 1 de Stassfurt dont la teneur est constante, est prise comme point de départ :

1. *Potasse allemande, première qualité, raffinée deux fois.* Très-blanche, pulvérulente, sèche, en masses analogues à la cendre gravelée, soluble dans quatre parties d'eau avec un très-faible résidu. Renferme 90 0/0 de carbonate de potasse et au plus 3 0/0 de carbonate de soude. Prix 50 fr.

2. *La même raffinée une fois.* Presque blanche en morceaux amorphes et pulvérulents. Renferme 80 0/0 de carbonate de potasse pur et au plus 6 0/0 de carbonate de soude. Prix 46 fr.

3. *Potasse d'Illyrie*. Tout à fait blanche. En morceaux secs. Renferme au moins 80 0/0 de carbonate
de potasse pur et 2 à 3 0/0 de carbonate de soude.
Prix 52 fr. En raison de son prix élevé, quand on
la compare aux potasses nᵒˢ 1 et 2, cette sorte n'est
pas demandée sur les marchés allemands.

4. *Potasse d'Amérique*. (a) *Perlasse* à 68 fr., très-
pure, mais contenant beaucoup de carbonate de
soude comme *la* (b) *Pierrasse* à 56 fr. Ces prix
élevés les éloignent des marchés allemands. Elles
contiennent 74 0/0 de carbonate pur. De plus, la
potasse d'Amérique contient presque toujours de
l'alcali caustique. Mayer a trouvé que 100 parties
de cendres contenaient de 4,4 à 49,6 d'alcali.

5. *Potasse allemande provenant des betteraves*.
Gris blanc en fragments secs, très-durs ; traitée par
4 parties d'eau, elle laisse un résidu très-notable ;
elle contient 70 à 75 0/0 de carbonates et alcalis dont
12 à 18 0/0 de sel de soude. Elle vaut en réalité
40 fr. comparée au nᵒ 1 à 36 fr. (par quintal, 60 0/0
de carbonate de potasse $=$ 66ᶠ et 15 0/0 de carbonate de soude $=$ 4 fr.)

6. *Potasse russe*. (a) Cendre de bois de Kazan.
Le salin est en morceaux et en poudre de dureté
très-inégale, en partie blanc grisâtre, et en partie

terreux coloré en rouge par de l'oxyde de fer ou en bleu par le manganate de potasse. Même avec beaucoup d'eau, il donne un résidu très-notable. Sa teneur en alcalis est d'environ 60 0/0, ce qui vaut 37^f ou au plus 33^f. (*b*) Cendres de topinambours. Sous forme de cendres et de morceaux blanc grisâtre, de couleur et de dureté plus inégales que la précédente, semblable en apparence au n° 5, si ce n'est qu'elle est presqu'entièrement soluble.

Elle contient 50 0/0 d'alcalis et vaut 28 fr. Cette sorte ne se trouve dans le commerce que depuis peu d'années. On l'obtient en calcinant les tiges des topinambours que l'on cultive en grand en Russie à cause de l'huile que l'on extrait des graines. Comme elle est cultivée dans les steppes dont le sol est très-riche en soude, elle en contient une quantité notable.

Il résulte de cet examen comparatif, que les meilleures qualités sont les plus avantageuses, malgré leur prix, en apparence élevé, surtout si l'on réfléchit à la facilité de leur emploi et à la possibilité de calculer d'avance la quantité qu'il faut employer.

(Deutsch illustrite Gewerbezeitung.)

FIN.

TABLE DES MATIÈRES

FIN DE LA TABLE DES MATIÈRES.

Imprimerie Polytechnique de E, LACROIX, à Saint-Nicolas-de-Port (Meurthe)